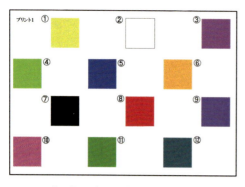

口絵1(図3.3) 12種類の基本色の用紙

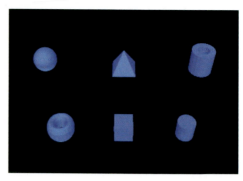

口絵2(図3.10) 3次元オブジェクトの提示例(その1)

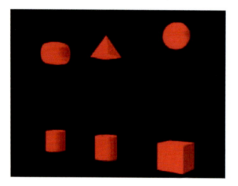

口絵3(図3.11) 3次元オブジェクトの提示例(その2)

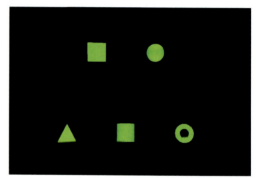

口絵4(図3.12) 2次元オブジェクトの提示例

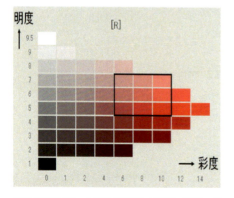

口絵5(図3.17) 3種類の明度と3種類の彩度の組み合せの例(赤)

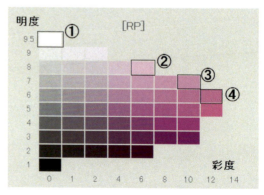

口絵6(図3.25) 追加実験で提示した4種類の色の例(赤紫)

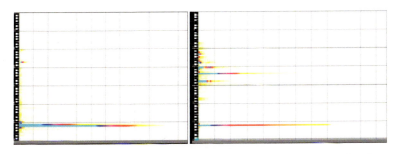

口絵 7(図 3.45) 周波数解析の結果(左:オルゴール,右:グロッケンシュピール)

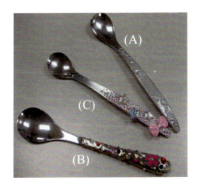

口絵 8(図 5.1) 使用したかわいいスプーン

口絵 9(図C 6.6) 超小型電気自動車 rimOnO

口絵 10(図 6.17) S&Bおひさまキッチンのウェブサイトの一部

エスビー食品株式会社提供.企画/AD ヤスダユミコ,武藤雄一;D ヤスダユミコ,渡邉真衣,三好愛(アイルクリエイティブ);C 武藤雄一,大澤芽実(武藤事務所);I 松本摩耶(アイルクリエイティブ);P 八木興(武藤事務所);Web D 中原寛法,宮本涼輔(nD).

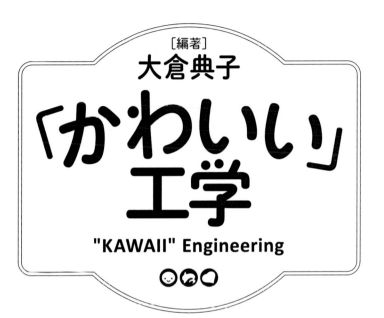

朝倉書店

まえがき

　本書は，筆者が約10年にわたって研究している「かわいい工学」についてまとめたものである．また，その内容を補完する形で，いろいろな分野の方々にコラムを執筆していただいた．

　第1章では，筆者が2006年に「かわいい工学」の研究を始めた背景について述べ，本書の概要を示した．

　第2章では，「かわいい」の文化的背景について筆者がこれまで調べてきた内容を紹介し，章末に遠藤先生の社会科学の立場からのコラムを掲載した．筆者の記述と遠藤先生のコラムの内容が重複する個所は，別々に調査・研究を進めてきた両者が，意図せず同じ結論に至ったことを示している．

　第3章では，「かわいい」人工物（工業製品など）の系統的計測・評価方法について，色，形，大きさ，テクスチャ，触感，音という物理属性を1つずつ取り上げて行った実験を紹介した．人工物の提示には，主にバーチャル環境を利用した．実際の人工物はこれらの物理属性の多数の組み合せで構成されており，それらの相互作用により「かわいい」という印象が決まる．しかし工学研究としては，まず基本的な実験を行って単独の物理属性による「かわいい感」を明らかにすることが必須だと考え，このような一連の研究を行ってきた．それぞれの結論はさほど意外なものではないが，「きちんと工学的に明らかにする」という過程が重要だと考えている．また同じ工学分野の研究者である三武先生に，コラムで「かわいいことを前提としたロボット」の研究事例について紹介いただいた．このコラムから，「かわいい」という感性価値が決して女性だけのものではないことが理解いただけると思う．

　第4章では，主観的なアンケートではなく心拍や脳波などの生体信号を利用することのメリットについて述べ，生体信号とそれから算出できる生理指標について紹介した後，「わくわく感」および「かわいい感」の計測・評価手法について紹

介した．最後に，「わくわく系かわいい」と「癒し系かわいい」についても紹介した．なお入戸野先生には，心理学分野における「かわいい」に関する研究成果をコラムで紹介いただいた．

第5章では，かわいい工学の研究の応用事例として，「かわいいスプーン」と「かわいいで駆動するカメラ」の例を紹介し，最後に商品開発における感性価値付加のヒントとなる研究として，清澤氏の「かわいいと感じる色」を切り口とした女性のクラスター分類についても紹介した．章末では，橋田先生に，学生が「かわいい」をキーワードとして既成製品の改善案をグループで討論して提案するグローバルPBL（Project Based Learning）について，また宇治川氏に，氏が主査として日本建築学会で4年間活動を行った「かわいいと建築のあり方を考えるWG」について，それぞれコラムで紹介いただいた．それぞれ「学生のグローバル教育」あるいは「学会における調査活動」という枠組みの中で，「かわいい」という感性価値の応用の可能性について検討した事例である．

第6章では，2013年から始まり2016年で第4回となった日本感性工学会「かわいい感性デザイン賞」の受賞製品・作品について紹介した．受賞製品・作品・対象の「かわいい」は多様であるが，いずれも「かわいい」という感性価値に真正面から取り組み，共感を得ることに成功している点は共通している．2016年の第4回で最優秀賞を受賞した布製の車 rimOnO の開発の経緯については，開発者の伊藤氏のコラムで紹介した．

第7章では，「かわいい工学」研究のこれからについて展望し，併せて古賀先生に，日本建築学会のWGの活動を通じて考えてこられた「かわいいと建築」のあれこれをコラムとして紹介いただいた．

私に「感性工学」という研究分野の存在を教え，「かわいい人工物」の研究を始める動機を与えてくださった，信州大学名誉教授の清水義雄先生には心より感謝申し上げたい．

最後に，本書に記載した研究の共同研究者である芝浦工業大学の堀江亮太先生，㈱ニコンの高階知巳氏と平山義一氏，実験の実施・結果の解析や実験プログラム作成に携わった芝浦工業大学学生（当時）の小沼朱莉，青砥哲朗，村井秀聡，後藤さやか，肥後亜沙美，泉谷聡，小松剛，Saromporn Charoenpit，Sittapong Settapat，大澤俊太，Somchanok Tivatansakul，井上和音，菅野遼，山崎陽介，柳美由貴（敬称略），実験材料をご提供いただいた電気通信大学の坂本真樹先生および㈱DICの高橋雅人様をはじめとする方々，多数の実験協力者の皆様に心より

謝意を表する．

　また，コラムを執筆いただいた遠藤薫先生，三武裕玄先生，入戸野宏先生，橋田規子先生，宇治川正人様，伊藤慎介様，古賀誉章先生にも，心より感謝したい．

2017 年 2 月

大 倉 典 子

●編著者
大倉典子　芝浦工業大学工学部情報工学科・教授

●コラム執筆者（五十音順）
伊藤慎介　株式会社 rimOnO・代表取締役社長
宇治川正人　東京電機大学未来科学部建築学科・研究員
遠藤　薫　学習院大学法学部・教授
古賀誉章　宇都宮大学地域デザイン科学部建築都市デザイン学科・准教授
入戸野宏　大阪大学大学院人間科学研究科・教授
橋田規子　芝浦工業大学デザイン工学部デザイン工学科・教授
三武裕玄　東京工業大学科学技術創成研究院未来産業技術研究所・助教

目　　次

1章　かわいい工学とは何か ……………………………………………… 1

2章　文化的背景 …………………………………………………………… 5
　［コラム］「カワイイ」美学の歴史的系譜 ………………［遠藤　薫］… 9

3章　かわいい人工物の系統的計測・評価方法 ………………………… 13
　3.1　簡単な予備調査 …………………………………………………… 13
　3.2　かわいい色や形 …………………………………………………… 16
　3.3　バーチャルオブジェクトにおけるかわいい色や形 …………… 18
　3.4　かわいい色の詳細 ………………………………………………… 24
　3.5　かわいい大きさ …………………………………………………… 34
　3.6　かわいいテクスチャ（見た目の質感）………………………… 34
　3.7　かわいい触感 ……………………………………………………… 39
　3.8　ビーズを塗布した樹脂表面の感性評価 ………………………… 46
　3.9　かわいい音 ………………………………………………………… 53
　［コラム］いきもののかわいさを再現するインタラクティブシステム
　　　　　　　………………………………………………［三武裕玄］… 60

4章　かわいい感の生体信号による計測と分類 ………………………… 66
　4.1　生体信号と生理指標 ……………………………………………… 66
　4.2　わくわく感の計測 ………………………………………………… 69
　4.3　かわいい色と生体信号 …………………………………………… 75
　4.4　かわいい大きさと生体信号 ……………………………………… 78
　4.5　かわいい大きさの詳細 …………………………………………… 81

4.6　かわいいオブジェクトのAR提示と心拍 …………………………… 88
　4.7　わくわく系かわいいと癒し系かわいい …………………………… 90
　［コラム］　心理学からみた「かわいい」……………………［入戸野　宏］… 96

5章　かわいい工学研究の応用 …………………………………………… 99
　5.1　かわいいスプーンで食欲アップ …………………………………… 99
　5.2　「かわいい」で駆動する自動シャッターカメラへの試み ……… 104
　5.3　かわいい色に基づく評価者のクラスタ分類 ……………………… 109
　［コラム］　「kawaii」をキーワードにしたグローバルPBL
　　　　　　……………………………………………………［橋田規子］… 112
　［コラム］　日本建築学会「可愛いを求める心と空間のあり方に関する
　　　　　　研究WG」の活動 ………………………………［宇治川正人］… 117

6章　日本感性工学会「かわいい感性デザイン賞」……………………… 122
　6.1　かわいい感性デザイン賞とは ……………………………………… 122
　6.2　2013年第1回選考結果 ……………………………………………… 124
　6.3　2014年第2回選考結果 ……………………………………………… 133
　6.4　2015年第3回選考結果 ……………………………………………… 139
　6.5　2016年第4回選考結果 ……………………………………………… 142
　［コラム］　なぜカワイイにこだわり抜いた超小型電気自動車を
　　　　　　作ったのか ………………………………………［伊藤慎介］… 147

7章　「かわいい工学」のこれから ………………………………………… 152
　［コラム］　かわいいと建築 …………………………………［古賀誉章］… 154

あとがき ………………………………………………………………………… 161
参考文献 ………………………………………………………………………… 163
索　　引 ………………………………………………………………………… 169

1

かわいい工学とは何か

　筆者が「かわいい工学」の研究を始めた 2006 年当時，日本の景気は「いざなぎ越え」と言われたが実感はなく，むしろ社会は閉塞感を打ち破れずに混沌として未来に希望の持ちにくい状況が続いていた．20 世紀の科学技術の著しい発達がもたらした豊かな物質社会は，一方で地球全体に大規模な環境の破壊や生態系の不均衡を生み，環境破壊や地球資源の枯渇を引き起こした．また情報通信技術の飛躍的な発展も，コンピュータやネットワークという便利な社会生活の道具を提供し，物質社会から情報社会への価値観の変換をもたらしたが，一方でディジタル・デバイドや精神的ストレスによる精神疾患の多発などの問題を引き起こしていた（例えば [1]）．

　そこでこの頃，これらに対する問題意識が高まり，「地球にやさしい」あるいは「人にやさしい」などの表現に代表されるように，環境への配慮や人間への支援が脚光を浴びるようになってきた．またそれと同時に，物質的・経済的な豊かさから精神的な豊かさへと，人々の求めるものが変化してきた．

　このような状況下において，現代日本のものつくり産業に横たわる閉塞感を打破するために，従来のものつくりの価値観である性能，信頼性，価格に加え，感性を第 4 の価値として認識しようという国の取組み（感性価値イニシアティブ）も 2007 年に開始された[2, 3]．**表 1.1** に感性価値イニシアティブについて簡単にまとめた．

　筆者らは，これまで「人にやさしい情報の形とは？」というキャッチフレーズを掲げ，21 世紀の情報化社会において，女性・子供や幼児・障碍者・高齢者などの社会的弱者こそがその恩恵に浴すべきだという考えの下，種々の研究を推進してきた．例えば数年前からは，これらの社会的弱者が安心して暮らせるために必要な「生活空間の条件」を明確化し，安心空間のガイドラインの策定に寄与することをめざして，「誰もが安心して暮らせる社会を実現するための，生活空間の条

表 1.1　感性価値創造イニシアティブ（文献 [2][3] より作成）

感性価値創造イニシアティブ　―第四の価値軸の提案―
・経済産業省が平成 19 年 5 月 22 日に発表
・我が国の産業の競争力を維持・向上させていくために不可欠な差別化やイノベーションの要素を考える上で，改めて「いい商品，いいサービスとは何か」という基本的な問いに立ち返って検討．
・従来のモノ作りの価値観である「機能」「信頼性」「価格」を超える第四の価値軸として「感性価値」を提案．

件の感性実験による導出」を実施してきた（例えば [4][5][6]）．また並行して，ソニー社製の AIBO を用いて，利用者に精神的な安静状態を得やすくする「脳波を用いた AIBO の動作制御システム」の研究も行ってきた（例えば [7][8][9]）．そこでこれらの研究の成果として，人間が空間やペットロボットに対して感じる「安心感」や「快適感」といった感性的な価値を，アンケートの解析結果や生体信号の波形の処理結果という形で定量的に顕在化することがある程度可能になり，この感性的な価値の定量化について，引き続き研究を進めていた．

　コンピュータやインターネットなどの情報通信基盤が整備した 21 世紀の高度情報化社会において，今後きわめて重要なのは，それらを活用するためのソフトウェアすなわち「コンテンツ」の充実である（例えば [10]）．そこで，上述したこれまでの研究成果を踏まえ，日本のコンテンツや工業製品などの人工物の感性的価値の系統的な創成に応用する研究に着手することにした．具体的には，日本のソフトウェアの大幅な輸入超過[11, 12]の中にあって，日本生まれのゲーム，マンガやアニメーションなどのいわゆるディジタルコンテンツが大きな輸出超過になっている点に着目した[13]．例えば，「魔女の宅急便」「となりのトトロ」から「千と千尋の神隠し」などの宮崎駿氏のアニメーションは，世界中で評価され，多数の観客を動員している．ドラゴンボールやドラエモンなどのテレビアニメも各国で放映されており，ピカチュウをはじめとするポケットモンスターは世界中で多くの子供達を熱狂させている（さらに本書を執筆している 2016 年 7 月には，Pokemon Go が世界各国で配信され，社会現象にまでなっている）．

　感性工学を研究してきた筆者らは，これらの日本生まれのディジタルコンテンツの人気の大きな要因として，高度できめ細やかな技術力とともに，キャラクタなどの「かわいさ」があげられると考えた．しかし筆者がこの点に着目した 2006

年当時,「かわいい」を今後の人工物(工業製品やサービスなど)の感性価値として研究対象としている例はなかった.そこで筆者らは,これを系統的に解析する研究を開始することにした.

現在すでに,ハローキティやポケモンなどの日本のかわいいキャラクタが世界中を席捲し,また2006年1月1日の朝日新聞によれば,日本語の"kawaii"はもはや国際語となっている[14].さらに,ピンク色のデジカメやまるいフォルムのプリンタなども時折販売されている[15, 16].しかしこれらはデザイナーの暗黙知,女子高生へのアンケート調査,カリスマモデルの好みなどをアドホックに利用した結果であり,当時までに人工物に対する「かわいい」という価値観を系統的に構成しようとした例はなかった.

日本のゲームやアニメーションの人気キャラクタの重要な要素として,「かわいさ」より「かっこよさ」をまず思い浮かべる方も多いだろう.しかしこの「かっこよさ」は日本独自あるいは日本発の感性的な価値観ではなく,欧米の工業製品には日本製品より洗練された「かっこよさ」や「スマートさ」を有する物も多い[17].これに対し,「かわいい」は日本発の感性価値であると考えられた.

車やデジカメの設計に,エモーショナルプログラム(人々の感性的なセグメンテーションが最も進んでいるファッションブランドをベースに,生活者のマインドスタイルや商品デザインや商品コンセプトのスタイルを定性分析し,より付加価値性の高い商品を開発する手法)[18]を利用した例も多数あるが,その適用事例から推察すると,やはり「かっこよさ」や「スマートさ」に重点が置かれているようであり,人工物に対し,同じ感性価値である「かわいさ」は,それまであまり着目されてこなかった.

またそれまでも,「かわいい」事物に関する研究はあったが,それらの対象は,いずれも子供や動物のしぐさ,あるいは動物を模した人工物のしぐさ(例えば[19])であり,人工物自体の「かわいさ」に焦点を当てた研究ではなかった.

それに対し,この研究では,人工物自体の「かわいさ」,すなわち人工物の形状や色・テクスチャや材質などの諸属性に起因する「かわいさ」を系統的に解析し,その結果から「かわいい」人工物を構成する手法を明確化することを目的としている.

すなわち本書では,これまでに行ってきた以下の研究について次章より紹介し,さらにその間の社会情勢や学会活動についても紹介する.

- 文化的背景

- 「かわいい」人工物の系統的計測・評価方法
  - （ア）簡単な予備調査
  - （イ）かわいい色や形
  - （ウ）バーチャルオブジェクトにおけるかわいい色や形
  - （エ）かわいい色の詳細
  - （オ）かわいい大きさ
  - （カ）かわいいテクスチャ（見た目の質感）
  - （キ）かわいい触感
  - （ク）ビーズを塗布した樹脂表面の感性評価
  - （ケ）かわいい音
- かわいい感の生体信号による計測と分類
  - （ア）生体信号と生理指標
  - （イ）わくわく感の計測
  - （ウ）かわいい色と生体信号
  - （エ）かわいい大きさと生体信号
  - （オ）かわいい大きさの詳細
  - （カ）かわいいオブジェクトのAR提示と心拍
  - （キ）わくわく系かわいいと癒し系かわいい
- かわいい工学研究の応用
- 日本感性工学会「かわいい感性デザイン賞」
- 「かわいい工学」のこれから

2
文化的背景

　研究を開始するにあたり，先行研究を調査したところ，残念ながら，工学や理学で「かわいい」に関連した著作物は見つからなかった．そこで，さらに調査の幅を広げた結果，文化論的な先行研究として以下の文献があった．

- 島村麻里：ファンシーの研究―「かわいい」がヒト，モノ，カネを支配する（1991）[20]
  日本人女性による著作で，身の回りを取り巻くファンシー商品について紹介し，その時代的な必要性について解説している．「かわいい」という感性価値の社会的役割についての論考を，いち早く1991年3月に出版しており，その先見性と内容の妥当性が高く評価できる．
- S. Kinsella：Cuties in Japan, Women, Media and Consumption in Japan（L. Skov and B. Moeran, ed.）（1995）[21]
  外国人女性による日本の文化論として参考になる．手書き文字や話し言葉，ファンシーグッズ，ファッション，食べ物，アイドルなど種々の対象を扱っているが，これらの対象と「かわいい」という価値との関連を直接論じているわけではない．
- K. Belson and B. Bremner：Hello Kitty：The Remarkable Story of Sanrio and the Billion Dollar Feline Phenomenon（2004）[22]
  外国人男性ジャーナリストによる日本のビジネス論として参考になるが，ハローキティを中心とした「かわいいキャラクタ」が議論の主な対象である．
- 四方田犬彦：「かわいい」論（2006）[23]
  日本人男性による著作で，「かわいい」という言葉を真正面から取り上げているが，「かわいい」という言葉が主に女性に対する形容詞として扱われている．

　これらの文献を調査した結果，「かわいい」に関する以下の共通認識が明らかに

なった.

① 日本発の感性的な価値である.
② 「愛くるしい」「すてきな」「愛らしい」などの前向き（肯定的）な意味を持つ.

これらの特徴は，当たり前に感じるかもしれないが，実はそれほど当たり前ではない．というのは，欧米では成熟したものを価値として認める文化があるのに対して，日本では未成熟なもの，例えば早春のフキノトウやタラの芽，桜の花芽のほころびかけたところなど，これから成熟期を迎えるものにも価値がある，あるいはそういうものにこそ価値があると考える文化があり，このことが，未成熟で「守ってあげたい」という気持ちを起こさせる対象に対して価値を認める素地を形成していると考えられるからである．

四方田犬彦氏の著作によれば，現在の「かわいい」という価値に関する記述の起源は，枕草子の 151 段「うつくしきもの」にあると言われている[23]．清少納言は，その例として以下をあげている[24]．

- 瓜に歯を立てている子供の顔
- 雀の雛に向かって「チュッ，チュッ」と呼んでやると，こちらにピョンピョンやってくるところ
- 3 歳ぐらいの子供が地面に落ちている小さな変なものを突然に見つけて駆け出すと，小さな手で掴みとり，大人のところにもってきて見せる様子
- 尼のような頭の少女が，目に被さる髪をかきあげるのではなく，顔を傾けて物を見る様子
- 水に浮いている蓮の葉
- 瑠璃の壺

このように清少納言の枕草子に記載があると言われる「かわいい」という感性価値は，その後の江戸時代の浮世絵や根付など，広く日本文化の底流として支えてきたように思われる．例えば芸術新潮 2011 年 9 月号[25]や 2013 年春の東京都府中市美術館の企画展示「かわいい江戸絵画」の図録[26]によると，江戸時代には「かわいい」という感性価値が確立していたと考えられる．ところが明治時代以降，「かわいい」という形容詞の対象の多くは，以下に限定される傾向が強くなった．

- 子供・少女・小動物などの生物
- それらの顔の表情やしぐさ

- それらの模倣品（フィギュアやぬいぐるみなど）
- それら模倣品の表情やしぐさ

　このことから，「かわいい」という形容詞が人工物の「価値」であるということがあまり意識されなくなったようである．しかし，上述したような文化的背景から，「かわいい」という感性価値は，日本のユニークな文化的財産と言える．

　上述した四方田犬彦[23]は，日本人自身が「かわいい」という感性価値を分析した初めての著作である点に価値があるが，例えば「多くの女子は，何よりも自分が「かわいい」存在となるために，「かわいい」グッズを身の回りに買い集め，この言葉が男子によって投げかけられる機会を待っている・・・」（p.156）など，「かわいい」という形容詞を上述した限定的な使用法で捉えており，その男性中心視点の解釈には違和感があった．現在の日本において「かわいい」という形容詞の使用法が上述したように限定的であるのか，それとも例えば島村氏の著作[20]にあるように人工物も対象として含まれると考えて良いのか，予備調査を行うことにした．この予備調査については次章で述べる．

　なお，「かわいい」に関する主に文化論的な著作は，その後に以下などが発行されている．

- 古賀令子：「かわいい」の帝国（2009）[27]
  モード（ファッション）の視点から「かわいい」に着目した著作である．
- 真壁智治・チームカワイイ：カワイイパラダイムデザイン研究，平凡社（2009）[28]
  建築家の視点から女子学生の「カワイイ」感性価値について分析を行った著作である．
- 櫻井孝昌：世界カワイイ革命（2009）[29]
  海外における「カワイイ」という感性価値の広がりに関する著作である．
- ニッポンの「かわいい」，芸術新潮2011年9月号（2011）[25]
  はにわからハローキティまでの日本美術史における「かわいい」を紹介している．
- 日本の「かわいい」図鑑─ファンシーグッズの100年（2012）[30]
  過去100年間のファンシーグッズ（かわいい雑貨）の歴史を辿っている．
- 真壁智治：ザ・カワイイビジョンａ 感覚の発想（2014）[31]
  建築，家具からアート，ファッションまでを含む「カワイイデザイン」論である．

- 真壁智治：ザ・カワイイビジョン b 感覚の技法（2014）[32]
  作り手と使い手との感覚共有から生まれるカワイイデザインの構成法を述べている．
- 「カワイイ」JAPAN，Pen 2014年10/1号（2014）[33]
  日本のカルチャーの代名詞として「カワイイ」をとらえ，種々の側面から紹介している．
- 阿部公彦：幼さという戦略 「かわいい」と成熟の物語作法（2015）[34]
  幼さに対する新しい視座の中で「かわいい」という美学を位置づけている．
- 横幹（知の統合）シリーズ編集委員会：カワイイ文化とテクノロジーの隠れた関係（2016）[35]
  「かわいい文化」を感性工学・社会学・文化論・経済産業論などの見地から論考している（感性工学からの視点は筆者が執筆）．

コラム [2章]

「カワイイ」美学の歴史的系譜

【遠藤　薫】

a. 「カワイイ」への注目—海外と日本

　日本発「カワイイ」文化に注目が集まっている．海外でも，ハローキティやポケモンなど，日本発の「カワイイ」キャラクターが人気を集めている．

　試みに，Googleトレンドで"kawaii"のグローバルなネット空間における人気度を測定した結果が図C2.1である．これによれば，"kawaii"という言葉は，2004年以降，右肩上がりに人気度（検索量）を高めている．2004年1月と2016年8月（集計途中）を比べると，約4倍になっている．2011年には，オックスフォード辞典にも"kawaii"が掲載された．

　もちろん，"kawaii"は日本以外の国にとっては外来語である．図C2.1には，"kawaii"とともに"cute"，"cool"，"beautiful"など英語の感性的な形容詞の人気度推移も示してある．グローバル空間では，この4つの言葉の中では，"cool"という形容詞が最もポピュラーであることがわかる．それに続くのが"beautiful"である．"cute"はさらにその下で，"kawaii"は大きく引き離されている．とはいうものの，とくに2008年頃以降，"cool"や"beautiful"がほぼ横ばいであるのに対して，2004年1月から2016年8月の間に，"kawaii"は約4倍，"kawaii"の類語である"cute"も2倍以上に増えており，2015年末頃から"cute"が"beautiful"を追い越そうとしている．"kawaii"的価値が世界の中で評価を高めていることの表れともいえる．

　日本語の「かわいい」についても見ておこう．図C2.2は，ネット上での「かわいい」「かっこいい」「素敵」「きれい」「美しい」の人気度推移を，Google Trendsを使って測定した結果である．これによれば，日本でも他の感性形容詞に比べ，「かわいい」の人気が大きく高まっていることがわかる．しかも興味深いのは，世界では，"cute"は必ずしも上位に位置づけられる形容詞ではなかったが（図C2.1），日本では，「かわいい」が他の形容詞を大きく引き離していることである（図C2.2）．すなわち，世界に比べて日本では，「かわいい」的価値が他の感性的価値より高く評価される傾向の表れといえよう．

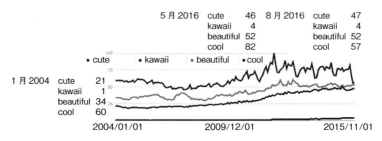

図C2.1　Googleトレンドによる人気度の動向（すべての国，2016年8月23日）

図 C2.2　Google トレンドによる人気度の動向（日本，2016 年 8 月 23 日）

なぜ「カワイイ」は人々をそれほど引きつけているのか．本コラムでは日本の「カワイイ」文化の系譜をたどりつつ，グローバリゼーション時代におけるその社会的意義について考えてみたい．

b.「カワイイ」と「cute」の違い—未完の美学

「カワイイ」とは，いうまでもなく，「幼児のような愛くるしさ，守ってあげたいと思わせるような，人を引きつける魅力」を意味する「可愛い」の現代的表記である．「可愛い」を好む心性は日本では古くから見られる．

例えば，清少納言の『枕草子』（第 151 段）には，「うつくしきもの．瓜にかぎたるちごの顔．すずめの子の，ねず鳴きするに踊り来る．二つ三つばかりなるちごの，急ぎてはひくる道に，いと小さきちりのありけるを目ざとに見つけて，いとをかしげなる指にとらへて，大人などに見せたる．いとうつくし．」という描写があって，「可愛さ」が端的に，的確に捉えられている．またこの文章では，現在であれば「可愛い」と表現するような情景を，「うつくし」という形容詞で語っている．日本の古い時代において，「うつくしい」という感性的価値は，「かわいい」という感性的価値と密接に関連していたと考えられる．

だが，あえて日本発の価値観として「カワイイ」を取り上げる意味はあるのだろうか．オックスフォード辞典によれば，"kawaii" とは，"(In the context of Japanese popular culture) cute" である．「cute」もまた，オックスフォード辞典によれ「Attractive in a pretty or endearing way」（愛らしく，人を引きつける様子）という意味である．たしかに，「可愛い」=「cute」のようにも見える．しかし，辞書をよく読むと，「可愛い」と「cute」の違いも見えてくる．「cute」は，18 世紀頃に，「acute」（鋭い，利口な，抜け目ない）という言葉の短縮形として生まれたという．一方，「可愛い」には，「かわいそう，不憫」という意味もある．つまり，「cute」があくまでポジティブな特性と考えられているのに対して，「可愛い」には，ポジティブな意味とネガティブな意味の両方が含まれていると言える．あるいは，「弱くてかわいそう，不憫」という特性にもポジティブな意味を見ていると言った方がよいかもしれない．それは，日本文化の特徴としてつとに指摘される，「未完の美」の思想と深く関わっている．

鎌倉時代末期を生きた兼好法師は,『徒然草』(八十二段)で「すべて,何も皆,事のととのほりたるは悪しきことなり.し残したるを,さてうち置きたるは,おもしろく,生き延ぶるわざなり」と書き,明治期岡倉天心は『茶の本』で,「茶道の要義は「不完全なもの」を崇拝するにある.いわゆる人生というこの不可解なもののうちに,何か可能なものを成就しようとするやさしい企てであるから」と主張している.いまだ未完の状態にこそ可能性の魅力があるというわけである.

c. 外来文化の日本化―「哀しみ」の美学

日本文化における「可愛い」への志向は,外来文化の受容プロセスにも現れる.

例えば,現代に至るまで多くの人々に愛されている日本の古代美術として,興福寺の阿修羅像があげられる.阿修羅の源流は人類史の源まで遡る.インド・アーリア人の聖典である『リグ・ヴェーダ』では,神々に敵対する者たちをアスラと呼んだ.ヒンドゥー教の叙事詩『マハーバーラタ』では,アスラは神々に闘いを挑み,敗れた魔神とされた.さらに仏教の『観音経』では,「阿修羅は怒り狂った青黒い3つの顔を持ち,裸で六手,二足」という恐ろしい姿の神となる.日本でも,このような憤怒の形相をした阿修羅の図像は多い.しかし,興福寺の阿修羅像の身体は少年のように細くはかなげで,その表情は,怒りというより哀しみを湛えている.この阿修羅像は,力によって仏敵を倒そうとするのではなく,仏に敵対する相手の心に寄りそい,その哀しみを共有しているかのようだ.そのような心のあり方こそが「可愛い」の核となる美学ではないか.「可愛い」は「可哀そう」と通じ合うのである.

「哀しみ」や「弱さ」に寄りそう美学は,醜さや「悪」をも許容する.たとえば,阿修羅と同じく興福寺に安置された平安初期の傑作としてよく知られているのが,四天王像である.憤怒の表情,盛り上がった筋肉,はためく衣など,ダイナミックな造形は息をのむ迫力に満ちている.

しかし,四天王像が人々を引きつけるのは,四天王に踏みつけられている邪鬼たちの「可愛さ」にもよっている.彼らは醜く,惨めで,滑稽でさえある.だが,そのみっともない姿を,人々は,むしろ愛おしく感じてきた.それはまた,「善人なおもて往生す.いわんや悪人をや」(親鸞)との言葉に現れる悪人正機説にも通じる感性であるかもしれない.醜さや「悪」――いわば「異質性」や「対抗性」をも愛しさの中に包摂しようとする感覚は,日本というローカリティの基層を貫く感覚と言ってよいだろう.

d.「カワイイ」の現代的意義

それにしても,現代日本で,「カワイイ」は歴史上かつてないほど注目されているように感じられる.しかも,現代の「カワイイ文化」は,単に「日本的」であることを超えて,グローバルな世界で受け入れられつつある.

その理由の1つは,前節に示したように,「カワイイ文化」が実は日本文化と欧米文化の反復的な交配種であるという事実である.言い換えれば,「カワイイ文化」は,異なる

社会をつなぐハブなのである.

　同時にもう1つの理由を忘れてはならない.18世紀頃から急進展した西欧近代は,唯一絶対の真理を追求し,最適化,最大化をどこまでも実現しようとしてきた.強い者,優れた者だけが評価され,弱い者,劣った者は排除されて当然という意識が,現代ではグローバルな規模で広がっている.だが,多くの人間は,心の中に弱さを隠し持っている.誰もが強く,優れているわけではない.誰もが同じものを良しとするわけでも,同じことを正しいと考えるわけではない.人は不完全で多義的である.その弱さや矛盾を,叱咤ではなく,ありのままに共感し,愛しんでくれるような存在を,現代人は切実に求めているのではないか.

　それは,現代哲学で注目される「弱い思考」が,「形而上学が科学主義的で技術主義的な成果をあげるなかで置き忘れてしまった…(中略)…痕跡や記憶としての存在,あるいは使い古され弱体化してしまった…(中略)…存在に新たに出会うための方途として理解」(ヴァッティモ『弱い思考』(上村他訳))する志向性とも共振する.

　「カワイイ」への人々の熱狂は,現代に潜在するそのような社会関係への希求を顕在化しているのである.これを踏まえるならば,「カワイイ文化」をさらに育てるには,一方で積極的に異文化との交配に挑戦すると同時に,他方で,「不完全性」「弱さ」「哀しみ」「悪」をも内部に包含する「可愛い」の美学を貫くことが重要である.それによって,「カワイイ」文化はその魅力と価値をこれまで以上に高く評価され,理解されるはずである.

e.「カワイイ」は「cool」か?―関わり合いの美学

　近年,「カワイイ」文化を,「クール・ジャパン」の名の下に積極的にグローバル市場へ売り出そうという動きがある.しかし,「カワイイ」は「cool」なのだろうか?
　「クール」という言葉を,単純に「かっこいい」という意味で使うなら,「カワイイ」は「cool」ではない.だが,「メディアはメッセージである」というテーゼでも知られるマーシャル・マクルーハンは,様々なメディアを,ホット・メディアとクール・メディアに分類した.彼の定義に従えば,「ホット」とは,完成度が高く,オーディエンスを受動的な立場に置くようなメディアをさす.一方,「クール」とは,完成度が低く,その結果,オーディエンス自身がそのメディア(作品)にコミットし,補完することで初めて成立するようなメディアのことである.
　「カワイイ」とは,まさにマクルーハンのいうような意味での「クール・メディア」である.「カワイイ」は,それ自体で自律的に存在する価値ではなく,人々がそこに主体的に関わり,コミットし,自己を投企することで初めて生成される価値なのである.「カワイイ」のこのような「クール」さを,世界の人々ともに享受するならば,「カワイイ」はまさにその真価を発揮するだろう.

3

かわいい人工物の系統的計測・評価方法

3.1　簡単な予備調査

　前章で触れた四方田犬彦[23]における男性中心視点への違和感から，以下の仮説を立て，これを検証する目的で，2007年6月に調査を行った[36, 37]．

> 仮説：日本の男性（特に中年以降）は「かわいい」を人間や生物やそれらのフィギュアやキャラクタなどに対する形容詞としてとらえる傾向があるのに対し，日本の女性はそれらだけでなく物の属性としても「かわいい」を感じる．

a．調査方法

　調査対象者に同じ金属素材でできた4種類の形のマグネット（図3.1）を提示し，以下のアンケートを実施した．

1. 4種類のマグネットを，かわいいと思う順に並べて下さい．もし「並べられない」あるいは「並べられないものがある」場合には，その理由を教えて下さい．
2. 10点満点で，それぞれに点数をつけて下さい．もし「点数がつけられない」あるいは「点数のつけられないものがある」場合には，その理由を教えて下さい．
3. それぞれのマグネットにつけた点数を記入して下さい．またその下に，その点数をつけた理由をお書き下さい（特になければ書かなくても結構です）．

　特にこれまで動物や女性のみを対象に「かわいい」という形容詞を使用してきた調査対象者にとって，「マグネットに"かわいい"の点数をつけて下さい」と言

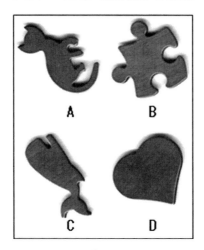

図3.1　4種類のマグネット

われてもとまどうだけであることが予想された．そこでこの調査では，「かわいい」程度の点数をつけてもらう前に，まずかわいいと思う順に並べてもらうことで，その敷居を下げる試みを行った．さらに「並べられない」「点数がつけられない」という選択肢も用意した．

b. 調査結果

　20代前半の男女と50代前半の男女それぞれ10名ずつに，アンケート形式で調査に回答してもらった．「かわいい順に並べられない」あるいは「点数がつけられない」とした調査対象者数を表3.1に示す．また，これらの評価を0点として，4種類のマグネットのそれぞれに対し，調査対象者群ごとの平均値を算出した結果を図3.2に示す．この図および理由の記述から，以下のことがわかった．

　①マグネットA（ネコに似た形状）は，どの調査対象者群においても「かわいい」という評価が高かった．理由は，老若男女を問わず，「ネコが好きだから」「ネコはかわいいから」という記述が多かった．

　②マグネットB（ジグソーパズルのピースに似た形状）は，4種類の中で最も「かわいい」という評価が低く，特に50代男性で非常に評価が低かった．また，20代の男女では，評価が高低に二分され，高評価の理由は「正当派な感じが良い」「ちょっとこった感じなのでおしゃれでかわいい」など，低評価の理由は「パズルのピースはかわいくない」などであった．

表 3.1 「かわいい順に並べられない」または「点数がつけられない」調査対象者数（人）

	50代男性	50代女性	20代男性	20代女性
A	0	0	0	0
B	3	2	2	2
C	0	0	0	1
D	2	0	2	0

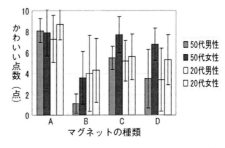

図 3.2 各マグネットのかわいい点数の平均値（棒グラフが平均値でひげが標準偏差）

③マグネット C（クジラに似た形状）は，マグネット A に次いで「かわいい」という評価が高く，特に 50 代女性で評価が高かった．ある程度高評価だった理由は，「動物だから」「クジラだから」などであった．

④マグネット D（ハートに似た形状）は，評価で最も男女差が大きく，男性の評価は女性より低かった．評価の理由は高低にかかわらず「ハートだから」，50 代男性では「この年でハートは辛い」という意見もあった．

c. 考察とまとめ

50 代の男性はネコ型とクジラ型のマグネットのみを「かわいい」と評価したのに対し，20 代女性はクジラ型とハート型の「かわいい」の評価がほぼ同じであった．またパズルピース型も，「かわいい」と評価する層が 20 代男女に存在した．以上の結果から「50 代男性は動物型の人工物のみを「かわいい」と評価し 20 代女性はそうではない形の物も「かわいい」と評価する．」という結論が得られ，これから初めに立てた仮説が検証されたと言える．

また 20 代男性も，ハート型マグネットの評価は低かったが，パズルピース型については 20 代および 50 代の女性と差がなかったことから，50 代男性ほどは動物型にこだわっていないことがわかった．

さらに，全体として 50 代女性の評価点が高かったことや理由の記述内容から，この調査対象者群が「かわいい」という概念や言葉に対して最も抵抗がない可能性も示唆された．

以上から，「かわいい」という感性価値は，この調査を行った当時はまだ「価値」として多くの人々に認知されているとは言えないものの，若い男女には肯定的に受けとめられており，その将来性に期待の持てることが確認できた．

3.2 かわいい色や形

「かわいい」という感性価値に関係する人工物の物理属性にはいろいろあると考えられるが，まず最も基本的と考えられる色と形に着目し，具体的な人工物ではなく「色という物理属性のみ」・「形という物理属性のみ」でも「かわいい」と感じるかを確認するために以下の実験を行った[38, 39]．

マンセル表色系の基本色相10色（赤，黄赤，黄，黄緑，緑，青緑，青，青紫，紫，赤紫）に白と黒を加えた12色（**図3.3**と**口絵1**）と，描画ソフトPhotoshopの基本図形12種類（**図3.4**）をそれぞれ白紙に印刷して提示し，それぞれから最もかわいいと思う色と形を選んでもらった．さらに12色を印刷した用紙と基本図形を切り抜いた用紙を組み合せ，最もかわいいと思う色と形の組み合せも選んでもらった（**図3.5**）．

以上の実験を20代男女各20名に実施した．**図3.6**に，最もかわいいと選択した実験協力者数の多かった色とその人数を，「かわいい色」が「なし」と回答した人数とともに示す．また**図3.7**に，最もかわいいと選択した実験協力者数の多かった形とその人数を，「かわいい形」が「なし」と回答した人数とともに示す．

この結果から，以下の結論を得た．

① 「かわいい色」「かわいい形」という概念はありうる．

② 色については寒色系より暖色系，形は直線系より曲線系が「かわいい」と評価され，大きな男女差はない．

さらに**表3.2**に「最もかわいいと思う色と形の組み合せ」の結果を示す．なお，

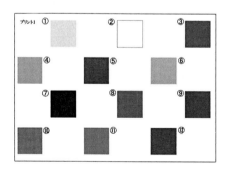

図3.3（口絵1）　12種類の基本色の用紙

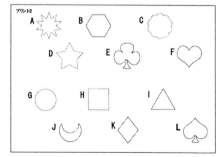

図3.4　12種類の基本図形の用紙

3.2 かわいい色や形

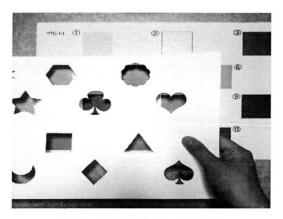

図 3.5　色と形の組み合せの選択の様子

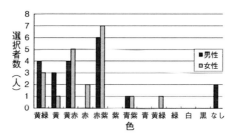

図 3.6　最もかわいい色の選択結果

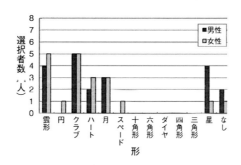

図 3.7　最もかわいい形の選択結果

例えば「色は黄赤・形はクラブ」の組み合せを選んだ 4 名それぞれの「最もかわいいと思う色」と「最もかわいいと思う形」の選択結果は以下のとおりであった．

- 色は黄緑，形はクラブ（E）

表 3.2 最もかわいい色と形の組み合せの選択結果

形＼色	黄緑	黄	黄赤	赤	赤紫	紫	青紫	青	青緑	緑	白	黒
雲形	3	1	2		2						1	
円												
クラブ	1		4		2							
ハート		1			3	1	1					
月	1	2			1							
スペード				2	1		2					
十角星												
六角形					1							
ダイヤ									1			
四角形												
三角形												
星	1	4	1					1				

- 色は黄緑, 形は雲形 (C)
- 色は黄赤, 形は雲形 (C)
- 色は赤紫, 形は円 (G)

このように, 組み合せにおける選択結果と全く一致した実験協力者は1人もいなかったが,「色については寒色系より暖色系, 形は直線系より曲線系」という結果に変わりはなかった.

3.3 バーチャルオブジェクトにおけるかわいい色や形

すでに述べたように, 筆者らの最終ゴールは「かわいい人工物を構成すること」であるが, 代表的な人工物である工業製品は, 通常3次元物体である. そこで, 前節の2次元平面上の色と形に着目した実験を3次元物体に拡張した実験を行うことにした. 安価な3Dプリンタが入手できるようになった昨今とは異なり, 物理条件を系統的に展開するためには, すでに構築していたバーチャル空間提示システム (**図3.8**) を用いて多数のバーチャルオブジェクトを3次元提示するのが効率的と考えられた. そこでこのバーチャル空間提示システムを利用して, かわいい3次元物体の形や色の条件を明らかにする実験を行うことにした[39, 40].

a. 実験方法

3Dソフトウェア（3dsmax）の3次元基本オブジェクトのうち6種類（ボックス，四角錐，球，円柱，チューブ，円環体）と2次元の5種類（正方形，正三角形，円，長方形，ドーナツ形）を加え，それぞれ赤，青，緑の3色で用意し，それらをランダムに実験協力者に見せ，どの組み合せが「かわいい」と感じるか判断してもらった．ここで3次元のオブジェクトだけでなく2次元のオブジェクトも提示したのは，前節の印刷用紙を用いた（2次元の）かわいい色や形の実験結果と結果を比較する目的である．

実験には，図3.8に示すバーチャル空間提示システムを用いた．このシステムは以下から構成されている．

- PC（CPU：Intel Pentium4, Windows XP）
- 短焦点プロジェクタ（Plus社製 US-132）2台
- プロジェクタ用直線偏光板2枚
- 偏光立体映写可能な100 inchリアソフトスクリーン200 for 3D（Stewart社製）
- スクリーンフレーム（鉄パイプにプラスチックをコーティングしたパイプで自作）（**図3.9**）
- 直線偏光メガネ（自作）
- バーチャル空間創成ソフトウェア OmegaSpace（ソリッドレイ研究所社製）

図3.8 バーチャル空間提示システム

図3.9 フレームとスクリーン

- コントローラ USB ジョイパッド UJP-09CBL（トライコーポレーション社製）

初めにスクリーンに同じ色の2次元または3次元のオブジェクトをすべて投影して，実験協力者に見てもらい，最も「かわいい」と感じられた形を選び，その理由を説明してもらう．3次元の提示例を**図 3.10**（口絵2）と**3.11**（口絵3），2次元の提示例を**図 3.12**（口絵4）に示す．提示されるオブジェクトは，様々な視点から見ることができる．この手順を赤・青・緑の3色で行うため，合計3回行う．また最後に，3色それぞれで選んだ3つのオブジェクトを掲示し，その中から最も「かわいい」と感じられるオブジェクトを選び，その理由を説明してもら

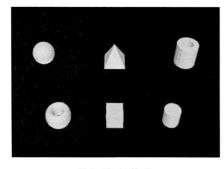

図3.10（口絵2）
3次元オブジェクトの提示例（その1）

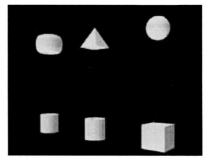

図3.11（口絵3）
3次元オブジェクトの提示例（その2）

3.3 バーチャルオブジェクトにおけるかわいい色や形　　21

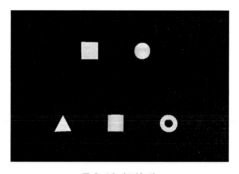

図 3.12（口絵 4）
2 次元オブジェクトの提示例

う．それから，先に 2 次元のオブジェクトだった場合には 3 次元，先に 3 次元のオブジェクトだった場合には 2 次元の場合について，同様に計 4 回の提示を行う．提示する色の順番はランダム，3 次元のオブジェクトと 2 次元のオブジェクトの実験順もカウンターバランスをとった．

b. 実 験 結 果

　実験は 20 代の男子学生 6 名，女子学生 6 名の計 12 名を対象に行った．**図 3.13**は各色について最も「かわいい」と感じた 3 次元オブジェクトの人数，**図 3.14**

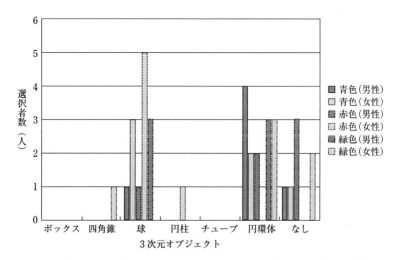

図 3.13　3 次元オブジェクトにおけるそれぞれの色の最もかわいい形の選択者数

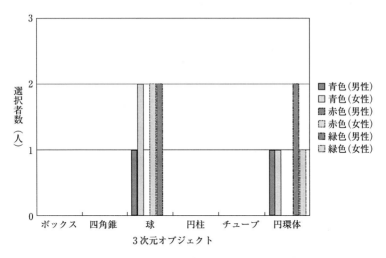

図3.14　最もかわいい3次元オブジェクトの選択者数

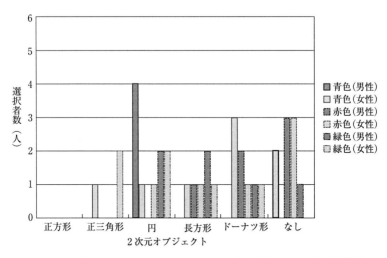

図3.15　2次元オブジェクトにおけるそれぞれの色の最もかわいい形の選択者数

は，その中で最も「かわいい」と感じた3次元オブジェクトの人数を，それぞれ男女別に示している．また**図3.15**は各色について最も「かわいい」と感じた2次元オブジェクトの人数，**図3.16**は，その中で最も「かわいい」と感じた2次元オブジェクトの人数を，それぞれ男女別に示している．

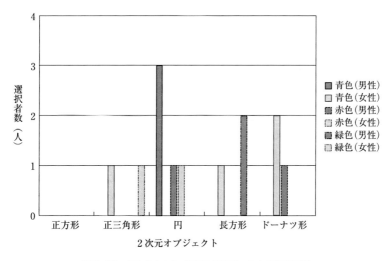

図3.16 最もかわいい2次元オブジェクトの選択者数

これらの結果から，3次元では球や円環体，2次元では円やドーナツ形を「かわいい」と感じる実験協力者が多かったが，2次元では直線系の正三角形や長方形を「かわいい」と感じた者もいたことがわかる．これは，2次元のオブジェクトが影の影響で曲線図形に見えてしまう，すなわち直線系の長方形が曲線系の円柱に見えてしまったためではないかと推察される．その点を考慮すると，3次元でも2次元でも，曲線系の形が「かわいい」と感じられる傾向にあることがわかる．

そこで，以上の結果から次の結論を得た．

①曲線系の形（3次元では球，円環体など，2次元では円など）を「かわいい」と感じている．

②暖色系の赤色よりも寒色系の青色や緑色を「かわいい」と感じている

これらは，3次元と2次元の両方で，かわいい形については前節の結果と共通しているが，かわいい色の結果が前節の結果とは異なっている．しかし提示に用いた赤・青・緑の3色のオブジェクトの見た目の印象は，赤が暗く逆に緑の方が明るいため，この結果は妥当な感じもする．そこで，この矛盾点を解明する目的で，かわいい色についてさらに詳しい実験を行うことにした．それを次節で述べる．

3.4 かわいい色の詳細

3.2節の実験結果と前節の実験結果とを比較すると,形に関しては同様の傾向であるが,色については共通の傾向ではなかった.そこで,3次元物体の色の要素を厳密に規定することにより,工業製品のような人工物の「かわいい色」に対する一定の結論を得る目的で,バーチャルオブジェクトにおけるかわいい色の要素について系統的な実験を行った[41, 42].ここでもバーチャルオブジェクトを利用したのは,以下に述べる系統的な色の展開を実現する上で,実物体の製作は時間やコストがかかるためである.

a. 実験方法

実験には3次元ディスプレイ(ZALMAN社製 TRIMON 2D/3D コンパチブル LCD モニタ 22 インチ)を用い,実験協力者には円偏光メガネを着用して対象を立体視してもらった.

色の分類には,一般に色相,明度,彩度の3つの基準があり,種々の分類方法の中で最も広く用いられているシステムが,日本工業規格(JIS)にも採用され

表 3.3 各色相における 9 種類の選定色

(R)

明度\彩度	6	8	10
7	7/6	7/8	7/10
6	6/6	6/8	6/10
5	5/6	5/8	5/10

(B)

明度\彩度	2	4	6
7	7/2	7/4	7/6
6	6/2	6/4	6/6
5	5/2	5/4	5/6

(Y)

明度\彩度	6	8	10
8	8/6	8/8	8/10
7	7/6	7/8	7/10
6	6/6	6/8	6/10

(P)

明度\彩度	2	4	6
7	7/2	7/4	7/6
6	6/2	6/4	6/6
5	5/2	5/4	5/6

(G)

明度\彩度	4	6	8
7	7/4	7/6	7/8
6	6/4	6/6	6/8
5	5/4	5/6	5/8

3.4 かわいい色の詳細

ているマンセル表色系である[43]．そこでまず色相として，マンセル表色系の基本の5色（R：赤，Y：黄，G：緑，B：青，P：紫）を選定し，次にそれぞれの色相に対して，3種類の明度と3種類の彩度の組み合せで9種類の色を選定し，合計45種類の色を選定した．それらを具体的に**表3.3**に示す．また赤の場合の9種類の色を**図3.17**（口絵5）に示す．

実験では，色相別に9種類の色のうち3種類ずつ円環体オブジェクトをディスプレイ上に表示し，円偏光メガネを着用してこれらを立体視している実験協力者にどれが一番かわいいかを選択してもらった．これを3回繰り返した後，それぞれで選択されたオブジェクト3種類を再度提示して，その中で一番かわいいオブジェクトを選択してもらった．ここで選択されたオブジェクトの色が，その色相で一番かわいいオブジェクトの色ということになる．以上の手続きを各色相について繰り返し，各色相で一番かわいいオブジェクトを選択してもらった．さらに

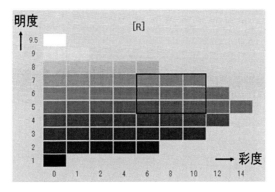

図3.17（口絵5） 3種類の明度と3種類の彩度の組み合せの例（赤）

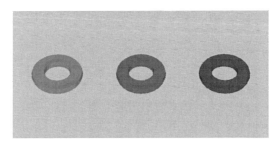

図3.18 かわいい色の詳細に関する実験でのディスプレイ上のオブジェクト提示例

最後に，各色相で選択されたオブジェクトを同時に表示し，その中で一番かわいいオブジェクトを実験協力者に選択してもらった．オブジェクトの形状は，前節の結果から円環体を選択し，大きさや向きは常に一定とした．

ディスプレイの背景色は，各色の見やすさを考慮して灰色（明度5），各色相の提示順序，および色相別に提示する3種類の色の選択や配置については，実験協力者ごとにランダムとした．ディスプレイ上の提示例を，**図 3.18** に示す．

b. 実験結果

実験は，正常の視力または矯正後十分な視力を有する健康な20代の男子学生

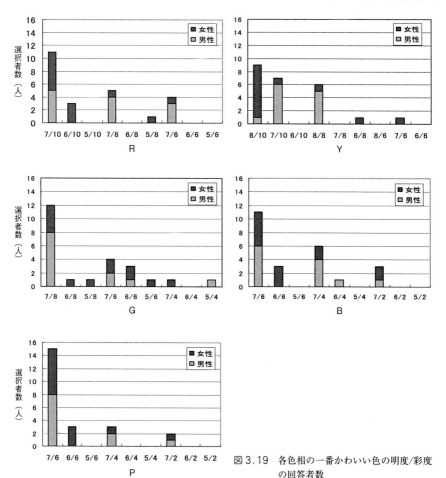

図3.19 各色相の一番かわいい色の明度/彩度の回答者数

3.4 かわいい色の詳細

表 3.4 明度, 彩度, 性別を要因とした分散分析表

(R)

要因	偏差平方和	自由度	平均平方	F 値	P 値
明度	36.3333	2	18.1667	10.7213	0.0021**
彩度	9.3333	2	4.66667	2.7541	0.1037
性別	0	1	0	0	1.0000
誤差	20.3333	12	1.6944		
全体	66	17			

(Y)

要因	偏差平方和	自由度	平均平方	F 値	P 値
明度	16.3333	2	8.1667	1.5638	0.2491
彩度	19	2	9.5	1.8192	0.2042
性別	0	1	0	0	1.0000
誤差	62.6667	12	5.2222		
全体	98	17			

(G)

要因	偏差平方和	自由度	平均平方	F 値	P 値
明度	20.3333	2	10.1667	3.6238	0.0587
彩度	12	2	6	2.1386	0.1605
性別	0	1	0	0	1.0000
誤差	33.6667	12	2.8056		
全体	66	17			

(B)

要因	偏差平方和	自由度	平均平方	F 値	P 値
明度	37.3333	2	18.6667	13.7143	0.0008**
彩度	10.3333	2	5.16667	3.7959	0.0528
性別	0	1	0	0	1.0000
誤差	16.3333	12	1.3611		
全体	64	17			

(P)

要因	偏差平方和	自由度	平均平方	F 値	P 値
明度	38.7778	2	19.3889	6.8431	0.0104*
彩度	26.7778	2	13.3889	4.7255	0.0306*
性別	0.0556	1	0.0556	0.0196	0.8910
誤差	34	12	2.8333		
全体	99.6111	17			

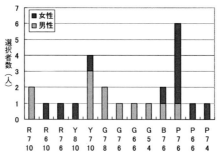

図 3.20 一番かわいい色の色相・明度・彩度の組み合せとその回答者数

12 名,女子学生 12 名の計 24 名を対象に行った.

各色相における一番かわいいと選択されたオブジェクトの色(以下,「一番かわいい色」と略称)の明度/彩度の回答者数(男女別,単位は人)を**図 3.19** に示す.図の横軸は,**表 3.3** に示した色相の明度/彩度である.またそれを明度・彩度・性別の 3 元配置の分散分析の結果を,**表 3.4** に示す.

さらに,最後に質問した一番かわいい色の色相・明度・彩度の回答者数(男女別,単位は人)を**図 3.20** に示す.図の横軸は,上から順に色相・明度・彩度である.

明度・彩度・性別の 3 元配置の分散分析の結果(**表 3.4**)から,一番かわいいと選択されたオブジェクトの色は,赤・青・紫の 3 色相については,明度に 5%または 1%で有意な主効果があり,また紫には彩度でも 5%で有意な主効果のあったことがわかる.さらに Fisher の最小有意差法による多重比較の結果からは,色相によっては,3 種類の明度や同じく 3 種類の彩度において,統計的に有意な差のある組み合せが存在した.またいずれの色相においても,性別に有意な差はなく,因子間の交互作用もなかった.

各色相における結果(**図 3.19**)や最終的な結果(**図 3.20**)および分散分析の結果(**表 3.4**)から,以下が得られた.

①どの色相においても,明度の高い色ほど一番かわいいオブジェクトの色として選択する実験協力者が多かった.

②どの色相においても,彩度の高い色ほど一番かわいいオブジェクトの色として選択する実験協力者が多いが,明度ほどの差はなかった.

③どの色相においても,明度が中位で彩度が最高の色よりも,彩度が中位で明

度が最高の色の方を，一番かわいいオブジェクトの色として選択する実験協力者が多かった．ただし，黄だけは両者に差がなかった．

④5種類の色相は，いずれも，少なくとも1名以上から一番かわいいオブジェクトの色相として選択されていた．

⑤一番かわいいオブジェクトの色相が紫だった実験協力者が最も多く，次に黄が多かった．ただし，紫を選択したのはほとんどが女性で，一方，緑や青を選択した実験協力者のほとんどが男性であった．

さらに，各実験協力者の一番かわいいオブジェクトの色の選択の志向性を分析するために，各色相において選択された色の明度と彩度について，表3.3の値を利用して主成分分析を行った．その結果，第1主成分の寄与率が26%，第2主成分の寄与率が20%，第3主成分の寄与率が13%，それらの累積寄与率が60%となった．得られた第1〜第3主成分の主成分負荷量をそれぞれ図3.21〜3.23に示す．記号は各色相と明度/彩度の別を示しており，例えばGBは緑の明度

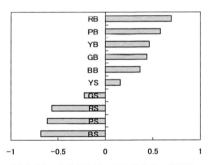

図3.21 主成分分析の第1主成分の負荷量

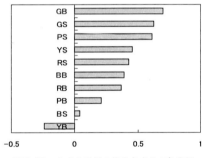

図3.22 主成分分析の第2主成分の負荷量

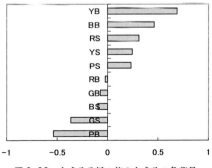

図3.23 主成分分析の第3主成分の負荷量

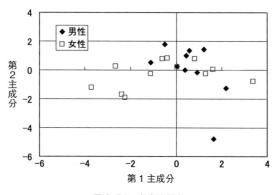

図3.24 主成分得点

(brightness), GSは緑の彩度 (saturation) を示す．これらのグラフから，第1主成分は明度と彩度の志向性を分別する軸，第2主成分は緑への志向性と黄の明度への志向性を分別する軸などと解釈できる．さらに第1主成分を横軸，第2主成分を縦軸として各実験協力者の主成分得点を性別ごとにプロットしたのが**図3.24**である．この図から，第1主成分と第2主成分の主成分得点が負の値を持つ（すなわち第3象限にある）のは女性のみであることがわかる．

c. 考　察

　色相ごとの一番かわいいオブジェクトの色の回答者数から，明度や彩度が高いほど選択されやすく，とくに明度でその傾向が顕著であることがわかった．ただし，色相が黄の場合には，彩度も明度と同等であった．

　どの色相のオブジェクトも一番かわいいと選択されたが，色相別では紫の選択者数が最も多かった．前節までに紹介した実験結果では，3.2節において「寒色系より暖色系の色をかわいい色として選ぶ実験協力者が多い」という結果を得，一方その後に実施した3.3節の実験では，暖色系である赤（R）よりも寒色系である青（B）や緑（G）をかわいいオブジェクトの色として選択する実験協力者が多かった．本節で紹介した5色相に関する実験では，暖色と寒色の中間色である紫のオブジェクトの選択者が最も多かったことから，これまでの結果を詳細に検討しなおしたところ，3.2節の実験では，紫と赤の中間色である赤紫（ピンク）の選択者が最も多く，次いで黄の選択者の多かったことがわかった．これは**図3.20**の，「最も多いのが紫，次いで黄」という実験結果に近い結果であり，この

ことから，前節のバーチャル環境を利用した実験では，紫や黄を対象としていなかったことが，暖色系の色がかわいい色として選択されなかった原因であったと推測される．

すなわち，3.3 節の実験のようなプロジェクタを使用した実験では RGB の 3 色を検討対象としていたが，それでは色相に関して正しい結果を導けないことが，今回の実験で確認されたと言える．

また色相別の明度と彩度の主成分分析の結果，第 1 主成分として明度と彩度を分別する軸が抽出されたことから，かわいいオブジェクトの選択には，色相に依存せず明度と彩度から決まる基準の存在することが示された．

さらに，一番かわいいオブジェクトの色相や主成分分析の結果に男女による違いが認められたが，人数が 12 名ずつと少ないため，これが個人差なのか男女差なのかは，明確ではない．

d. 追加実験

以上の実験ではマンセル表色系の基本 5 色（赤，黄，緑，青，紫）が対象だったが，3.2 節の結果から中間 5 色（黄赤，黄緑，青緑，青紫，赤紫）の重要性が示唆された．そこで，これらを対象とする追加実験を実施した[42]．

対象は色相ごとに以下の 4 種類を使用した（**図 3.25**，**口絵 6**）．

①最も明度は高いが彩度が 0 の無彩色
②基準色より明度が高く彩度が低い色
③基準色（明度・彩度ともに高い色）

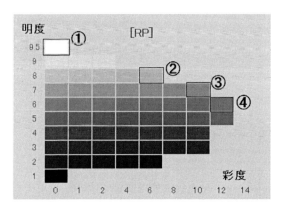

図 3.25（口絵 6）　追加実験で提示した 4 種類の色の例（赤紫）

④基準色より明度が低く彩度が高い色

　提示は 46 インチの 3D ディスプレイを使用した立体視とし，図形は円環体，背景色には明度 5 の無彩色を使用した．上述の 4 種類を 1 組として，同時に提示した（**図 3.26**）．提示する色相の順番は順序効果を考慮しランダムとした．また「かわいい」の評価には Visual Analog Scale（VAS）法を使用した[44]．VAS 法とは，視覚的アナログ尺度と訳され，本来は痛みなどを客観的に評価するために「無痛」から「最強の苦痛」までの表現を線分上に回答する方法である．今回は，左端を「全くかわいいと感じない」，右端を「非常にかわいいと感じた」とする 200 mm の線分（回答用線分）上の任意のポイントを被験者に手書きでスラッシュを入れてもらった．そして，左端から縦線までの長さを 100 点満点に換算した．回答用線分には，両端に目印としての短い直交線分を入れた．また左端から 20 mm 間隔で目盛りを入れた．自覚的な心理量測定には，一般的に段階尺度による評定法または量推定法が用いられることが多いが，VAS 法は評価のステップ幅を

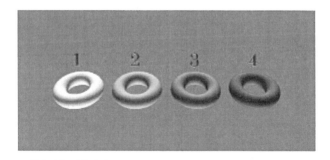

図 3.26　追加実験におけるディスプレイ上のオブジェクト提示例

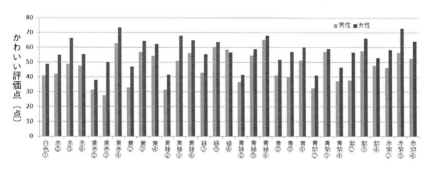

図 3.27　追加実験における男女別の平均値

実験協力者任せにするという点で後者に近い性質を持っている．ここでは「集団平均値の変動」だけでなく「個人内変動」も問題にしている．微細な個人内変動をデータ化することに意味があり，その観点から，段階尺度よりは量推定法の方が有効と考えられた．さらに，同一の調査を2度繰り返すという手続きには不可避的に記憶実験的な要素が入り込むため，具体的な数値を表出させる量推定法よりも，その点を曖昧にしたアナログ尺度の方がより適切であると判断した．

実験は，2010年9月に，正常色覚者である20代の男女各10名，計20名に対して行った．まず得られた評価点に対し，①（白色）の評価点を基準に基準化した．男女別の平均値を図3.27に示す．ここで，縦軸は評価点の平均，横軸は色の種類である．この図から主に次のことがわかった．

- 男性は青緑④，黄赤④，緑③が，女性は黄赤④，赤紫③，黄緑③，青緑④が「かわいい」評価の平均が特に高い傾向にあった．
- ②［明度が高く彩度が低い色］は男女共通して「かわいい」の評価の平均が低い傾向があった．

「かわいい」の評価に対して性別，色相，明度・彩度で三元配置の分散分析を行った結果，性別，色相，明度・彩度について有意な主効果があった（順に $F=24.168$, $p<.01$, $F=1.987$, $p<.05$, $F=28.608$, $p<.01$）．また，色相と明度・彩度の交互作用が有意であった（$F=2.563$, $p<.01$）．これより，色相ごとに「かわいい」と感じられる明度・彩度の傾向が異なることがわかった．

また，どの色の評価について男女で差があるのかを調べるために，差の検定を行った結果，赤③（$F=.041$, $p<.1$），黄緑③（$F=2.338$, $p<.1$），紫②（$F=.426$, $p<.1$），黄赤③（$F=1.211$, $p<.05$），赤紫③（$F=1.516$, $p<.05$）について有意差があった．純色④は，どの色相についても有意差がなかった．

さらに同一の実験協力者に対して，2010年12月に同一の実験を行った．その結果は，実験協力者ごとには9月の実験結果と異なる場合があったものの，全体としては実施時期による統計的に有意な差はなかった．

以上をまとめると，以下となる．

①男女ともに，色相は中間色で，明度と彩度がともに高い色あるいは純色の「かわいい」の評価が高かった．

②男女ともに評価が高かった色は，黄赤の純色と青緑の純色であった．

③女性の方が「かわいい」の評価が統計的に高い色があった．

3.5 かわいい大きさ

かわいい大きさに関する実験は，主として生体信号を利用して行ったので，詳細は次章に記述し，ここでは結論のみを以下に示す．
①一般に小さい方がかわいい．
②小さすぎると例えば虫のように見えてかわいいと感じなくなってしまうなど，小ささにも限界がある．

3.6 かわいいテクスチャ（見た目の質感）

これまでかわいい形，かわいい色，かわいい大きさについての実験を紹介してきたが，これらの次に対象とする物理属性を探るため，アンケートを実施し，その結果，テクスチャ（見た目の質感）が重要であることがわかった．ここでは，まずそのアンケートについて紹介し，その後実施したテクスチャ（見た目の質感）を対象とした実験について紹介する[45]．

a. アンケートの実施と解析

2009年10月に，他大学の学生46人に対し，これまで行ってきた「かわいい人工物」に関する研究を紹介した上で，「かわいい」と思うものを5つあげ，その理由も含めて記述してもらうアンケートを実施した．アンケートの回答例を表3.5

表3.5 アンケートにおけるかわいいものの回答例

かわいいもの	理　由
子猫	なんにでも興味を示し，おもちゃにじゃれつく様子が見ていて飽きないから
ケーキ	特に色とりどりのフルーツやクリームがのったケーキは，見た目も鮮やかで甘い味を想像できるから
都会のたんぽぽ	アスファルトの隙間から1本だけ生えている小さな花が儚げに見えるから
赤ちゃん	大きな黒い瞳でじっと見つめてくるから
リラックマ	くまのキャラクタの中でも人間のような設定と台詞が相まって心が和む

3.6 かわいいテクスチャ（見た目の質感）

表 3.6　アンケート結果に基づくかわいいものの分類

分類	例
生物	蟻，犬，子犬，大型犬，飼い犬，ポメラニアン，チワワ，青虫，おけら，カラス，蛙，キリン，鳥，すずめ，ツバメ，猫，子猫，野良猫，ハムスター，パンダ，ヒヨコ，蛇，フェレット，ペンギン，ヤモリ，友達，女の子，赤ちゃん，乳幼児，子供，花，たんぽぽ
人工物	ipod，エッフェル塔，折りたたみ自転車，顔文字，カドケシ，鍵，スピーカ，携帯電話，ケーキ，ゴシックロリータファッション，キラキラした装飾品，Googleのロゴ，シャンデリア，ストラップ，ステップワゴン，動物のイラスト，時計，デフォルメされたもの，スカート，チェック模様，チョロQ，ぬいぐるみ，ネックレス，ポップな色，丸いボタン，ボブヘアー，丸眼鏡，マシュマロ
キャラクタ	カピバラさん，カービィ，キッパー，くー，ケアベア，ゴマちゃん，ジョーイ，スティッチ，スヌーピー，孫悟空，テレビちゃん，トトロ，ドナルドダック，ドラえもん，トロ，バイキンマン，花戸小鳩，ピカチュウ，ひこにゃん，ピンクパンサー，プーさん，ポケモン，ボンバーマン，ムーミン，ラスカル

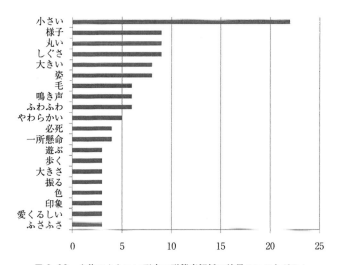

図 3.28　生物のかわいい理由の形態素解析の結果のヒストグラム

に示す．

「かわいい」としてあげられたものを，生物，人工物，キャラクタの3種類に分け（**表 3.6**），それぞれの「かわいい」と思う理由に対して形態素解析を行い，ヒストグラムを作成した（**図 3.28〜3.30**）．これらから，物理属性のみを抽出してまとめたヒストグラムが，**図 3.31** である．すでにこれまで，形，色，大きさにつ

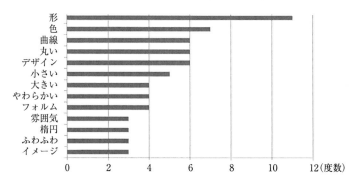

図 3.29 人工物のかわいい理由の形態素解析の結果のヒストグラム

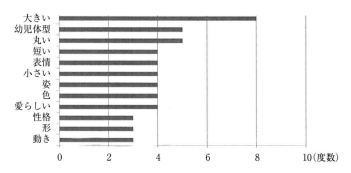

図 3.30 キャラクターのかわいい理由の形態素解析の結果のヒストグラム

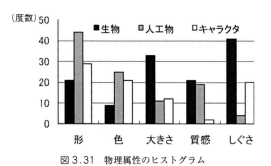

図 3.31 物理属性のヒストグラム

いては検討を行ったので，この結果から，次の対象を「質感」とすることにした．

なお「しぐさ」が，図 3.28 の生物のかわいい理由の上位にあるが，これは枕草子でもあげられていた．生物ではなく人工物であるが，筆者らはソニーの AIBO の動きの「好ましさ」の評価を行っており[46]，その後「かわいい」動きについて

3.6 かわいいテクスチャ（見た目の質感）

も研究を進めた．また菅野らは，iRobot 社の Roomba のかわいい動きについて研究している[47, 48]．

b. 画像テクスチャを用いた実験の実験方法

人工物の「質感」がもたらす「かわいい」感への影響を調べるために，実験を行った．質感のテクスチャは，13 種類のカテゴリ[49] の中から広い範囲をカバーするように，**図 3.32** に示す 9 種類を選定した．これまでの研究結果や予備実験の結果から，オブジェクトの形は円柱，色はピンクとし，円偏光メガネで立体視可能な 46 インチ LCD（Hyundai 製）を使用して提示した．

実験では，上述したオブジェクトを順番に提示し，実験協力者にそれぞれのオブジェクトを「かわいい―かわいくない」で 7 段階評価し，その理由も含め，口頭で回答してもらった．7 段階評価は，−3：「非常にかわいくない」，−2：「かなりかわいくない」，−1：「ややかわいくない」，0：「どちらとも言えない」，1：「ややかわいい」，2：「かなりかわいい」，3：「非常にかわいい」とした．また最後に再びすべてのオブジェクトを実験協力者に提示し，最もかわいいオブジェクトを

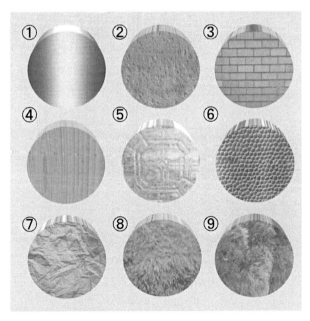

図 3.32 提示した 9 種類の質感のオブジェクト

選択し，その理由も含め回答してもらった．提示するオブジェクトの順番は実験協力者ごとにランダムとし，提示時間は20秒とした．

c. 画像テクスチャを用いた実験の実験結果

実験は20代の男女各9名，計18名に対して行った．実験風景を図 **3.33** に示す．

テクスチャごとの評価結果を図 **3.34** に示す．どのテクスチャのオブジェクトも，「かわいい」という正の評価と「かわいくない」という負の評価の両方があっ

図 3.33　実験風景

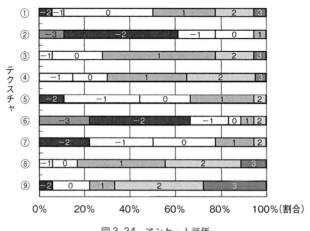

図 3.34　アンケート評価

た．比較的正の評価が多かったのは⑨，⑧，③，④，逆に負の評価が多かったのは⑥と②であった．つまり，平均的に見るとテクスチャによって「かわいい」という評価に大きな差があり，人工物のテクスチャは「かわいい」感に大きく影響することが推測された．

最もかわいいオブジェクトの集計結果（図3.35）では，⑨の選択者が最も多かった．

また，それぞれのテクスチャのオブジェクトに対し正の評価をした場合の理由の形態素解析の結果を図3.36に示す．この図から，「ピンク色」や「模様」以外に，「やわらかい」や「ふわふわする」「触りたくなる」といった触感に関する言葉が多くあがり，動物の毛のような⑨のテクスチャの選択者が最多だった点にも鑑み，かわいいテクスチャ（見た目の質感）に触感（触った時の質感）の連想が関係する可能性も示唆された．

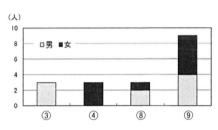

図3.35 最もかわいいオブジェクトの集計結果

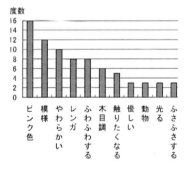

図3.36 正の評価の理由の形態素解析の結果のヒストグラム

3.7 かわいい触感

前節の結果で「やわらかい」あるいは「ふわふわする」などの触感を想起するテクスチャが「かわいい」と評価されることがわかったことから，これまでの視覚以外のモダリティとして触覚に着目し，かわいい触感に関する実験を行うことにした[50, 51]．ここで触刺激を与える触素材として，電気通信大学の坂本真樹教授が収集された触感のオノマトペに対応する触素材を用いることにした．ここでオ

ノマトペとは擬音語や擬態語の総称で，ここでは，「モコモコ」「ペタペタ」など2音節の繰り返し構造を持つオノマトペのみを対象として，それを表現する120種類の触素材が収集された．収集に際しては，触感を快と不快に分類し，それぞれの個数がほぼ均等となるように留意された[52]．この触素材を使用することにした理由は，以下の2点である．

- オノマトペに対応づけられていることから，触感を言葉で説明することができる．
- 快不快に対応づけられていることから，かわいい触感と快不快の関係がわかる．

a. 触素材を用いた予備実験の実験方法

坂本により収集された120種類の触素材のうち入手可能であった109種類を実験対象とした．触素材の例としては，片栗粉（サラサラ），ゴム（プヨプヨ），保冷シート（ツルツル），ムートン（フサフサ）などがあるが，図 3.37 に一部を示す．これらの触素材は，「かわいい」触感を念頭に置いて収集されたわけではない．そこで，これらの触素材が「かわいい触感」の実験に使用できるかどうかの確認，さらに使用できる場合には触素材の数の絞り込みの2つを目的として実験を行った．実験は，クイックソートの要領で，以下の手続きで触素材を分類した．

①実験協力者には，触素材が見えないよう，アイマスクをしてもらい，また指の脂や水分，さらに触った触素材が指に付いた場合は，手元の脇に置いたタオルを適宜使用してもらう．

②基準の触素材を決める．

③実験協力者に，基準の触素材を利き手の人差し指の腹部で触ってもらい，さらに腹部を前後に動かして触感を確認してもらう．

④実験協力者に基準以外の触素材（比較対象）を基準の触素材同様に触ってもらい，比較対象が基準より「かわいい」「同じぐらい」「かわいくない」の3択で口頭で回答してもらう．

⑤基準以外のすべての触素材を比較対象として③を繰り返す．

⑥すべての比較が終了したら，「同じぐらい」と評価された触素材を除外し，「かわいい」と評価された触素材群および「かわいくない」と評価された触素材群それぞれに対して，②〜⑥を繰り返す．繰り返しは，触素材群の触素材数が1つまたはそれ以下（すなわち比較ができない状態）になったら終了する．

3.7 かわいい触感

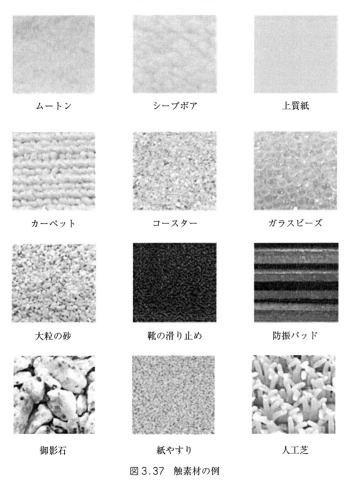

図 3.37 触素材の例

b. 触素材を用いた予備実験の実験結果

実験は男女各 2 名,計 4 名に対して行った.1 人当たりの実験時間は,2〜3 時間であった.

実験協力者 4 名それぞれが 2 回続けて基準よりかわいいと評価した触素材の数は,それぞれ 15,24,16,19 で,4 名全員に共通していた触素材は 4 種類,4 名中 3 名に共通していた触素材は 8 種類あった.一方,2 回続けて基準よりかわいくないと評価した触素材の数は,それぞれ 8,32,16,5 で,4 名全員に共通していた触素材はなく,3 名(2 番目の男性協力者と 2 名の女性協力者)に共通してい

た触素材は4種類あった．これらを表3.7に示す．これらの結果から，実験協力者全員が「比較的かわいい」と評価する触素材，実験協力者の多くが「比較的かわいくない」と評価する触素材の存在が確認できたと考えられる．

同じぐらいと評価された触素材どうしを同順位とし，実験協力者ごとに比較結果から触素材を順位づけし，さらに平均順位も算出した．平均順位は触素材ごとに異なり，「かわいい」の評価が触素材ごとに異なることが示された．

それぞれの触素材について，坂本らの先行研究[53]における快・不快の評価値（−2：不快，＋2：快）と平均順位の散布図を図3.38に示す．おおむね快・不快の評価値が大きいほどかわいい平均順位が高い（順位の値が小さい）傾向にある．しかし，どちらかと言えば快（0〜1）という触素材には平均順位が80位前後という比較的低い順位のものもあり，一方，やや不快（−0.5〜−1.0）な触素材に平均順位が20位以内というものもある．今回の実験の協力者が4名であり，しかもその触素材ごとの順位の差がかなり大きかったことから，明確な結論は出せないものの，一考に値する結果であり，今後さらなる検討が必要である．

さらに平均順位から上位20位までの触素材と下位20位までの触素材に対応するオノマトペの第1音節の母音と子音（例えば「ガリガリ」の場合は「ガ」の／

表3.7　かわいい触素材とかわいくない触素材の概要とそれぞれに対応するオノマトペ

	触素材	対応するオノマトペ	
かわいい触素材1	ダイヤーン ポリエステル綿 シープボア コットン布	ジャシジャシ フカフカ ボフボフ フサフサ	ワサワサ モコモコ モフモフ モサモサ
かわいい触素材2	ガラスビーズ プレーンゴム パネルカーペット ポリプロピレン ムートン ポリエステル接着芯 ナイロン接着芯 スライム	ザシャザシャ ブヨブヨ モシュモシュ フサフサ フサフサ シュサシュサ シュサシュサ ズブズブ	ショリショリ モワモワ モフモフ スルスル ペラペラ ズポズポ
かわいくない触素材	大粒の砂 みかげ 防振パッド 紙やすり	ジャリジャリ ゴロゴロ クニクニ ジュサジュサ	ザグザグ ポコポコ ジョリジョリ

3.7 かわいい触感

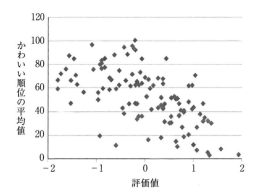

図 3.38 各触素材の快・不快の評価値とかわいい順位の平均値の散布図

表 3.8 かわいい触素材とかわいくない触素材に対応するオノマトペの母音と子音の出現数

(a) 母音

母音	全体	かわいい触素材	かわいくない触素材
/a/	38	11 (29%)	6 (16%)
/i/	13	0 (0%)	4 (31%)
/u/	86	14 (16%)	9 (10%)
/e/	26	1 (4%)	9 (35%)
/o/	41	11 (27%)	8 (20%)

(b) 子音

子音	全体	かわいい触素材	かわいくない触素材
/b/	12	2 (17%)	2 (17%)
/d/	1	0 (0%)	0 (0%)
/g/	21	0 (0%)	6 (29%)
/h/	7	4 (57%)	0 (0%)
/j/	9	1 (11%)	4 (44%)
/k/	11	3 (27%)	1 (9%)
/m/	16	7 (44%)	1 (6%)
/n/	12	0 (0%)	1 (8%)
/p/	29	4 (14%)	10 (34%)
/s/	56	11 (20%)	2 (4%)
/t/	13	1 (8%)	3 (23%)
/w/	3	1 (33%)	0 (0%)
/z/	14	3 (21%)	7 (50%)

a/ と /g/) について，その出現回数と割合を算出した（**表 3.8**）．ここで第 1 音節の母音と子音を解析対象としたのは，今井[54] で，これらが感覚イメージと関連が強いとされていたからである．また，出現回数の合計が 204 になっているのは，ほとんどの触素材に 2 種類のオノマトペが対応していたためである．

表 3.8 から，母音では /a/ と /u/ と /o/ がかわいい触素材に対応する場合が多く，/i/ と /e/ がかわいくない触素材に対応する場合の多いことがわかった．こ

れは，坂本らによる先行研究[53]において /u/ と /a/ が快，/i/ と /e/ が不快と結びついていた点に呼応する．

また子音については，/h/ と /m/ がかわいい触素材（例えば「フサフサ」「モコモコ」），/j/ と /g/ と /p/ と /z/ がかわいくない触素材（例えば「ギイギイ」「ゴロゴロ」「ペトペト」「ザラザラ」）に対応することが多かった．これには先行研究[53]の /h/ と /s/ と /m/ が快，/z/ と /sy/ と /j/ と /g/ と /b/ が不快という結果とは共通する点と相違する点がある．これらの結果からも，快と感じる触素材とかわいいと感じる触素材，あるいは不快と感じる触素材とかわいくないと感じる触素材が必ずしも一致するとは限らないといえよう．

c. 触素材を用いた予備実験のまとめ

触感のオノマトペに対応する触素材を用いて「かわいい触感」に関する基礎的な検討実験を行った結果，以下がわかった．

①使用した触素材を対象として「かわいい」あるいは「かわいくない」という評価が可能である．

②触素材の快・不快の評価値が高いほど「かわいい」の平均順位は概ね高いが，必ずしもそうではない場合もある．

③触素材に対応するオノマトペの第1音節の母音と子音に関して，母音では /a/ と /u/ と /o/，子音では /h/ と /m/ がかわいい触素材に対応する場合が多く，母音では /i/ と /e/，子音では /j/ と /g/ と /p/ と /z/ がかわいくない触素材に対応する場合が多い．

触感は言葉で伝えることが難しい感覚であるが，今回，すでにオノマトペと対応づけられた触素材を用いることにより，「かわいい触感」を言葉で表現できる可能性を見い出せた．

d. 触素材を用いた年代性別による違いを調べる本実験

以上の結果をふまえ，109種類の触素材から以下の条件で24種類を選択した．
- 最もかわいいから最もかわいくないまでの広範囲からまんべんなく選択する．
- 関連するオノマトペの第1音節の母音が /a/ と /u/ と /o/ のいずれかであるものを選択する．
- すべての子音が少なくとも2回は，関連するオノマトペの第1音節の子音になるように選択する．

3.7 かわいい触感

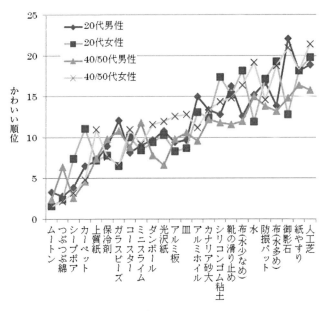

図 3.39 各触素材の平均順位

実験協力者にはアイマスクをしてもらい，予備実験と同様の手順で触素材を比較し，どちらがかわいいかを回答してもらった．内訳は 10 名の 20 代男性，10 名の 20 代女性，5 名の 40～50 代男性，および 5 名の 40～50 代女性であった．各触素材のグループごとの平均順位を**図 3.39** に示す．これらの平均順位には，グループ間で 0.73～0.88 の強い相関があったことから，性別・年代には差がないことがわかった．さらに以下がわかった．

①平均して最もかわいい触素材は，性別や年代に関係なく，ムートン，コットン，シープボア，カーペットだった．

②最もかわいい触素材に関連するオノマトペの第 1 音節の子音は，/f/ と /m/，最もかわいくない触素材の方は /z/ と /j/ と /g/ だった．

さらに，最もかわいい触素材は「もこもこ」「やわらかい」「動物の毛のよう」といった物理的特徴を有していた．この傾向はこれまでのテクスチャの実験や触感の予備実験の結果と同様である．

e. まとめ

以上の実験結果から，かわいい形，色，大きさに加えて，かわいい触感も評価

することができた．かわいい触素材の物理的特徴がかわいいテクスチャから想起される特徴と同じで，またそれが性別や年代に依存しなかった．これらは，かわいい質感を持つ魅力的な工業製品を製造する上で役に立つ結果であり，特に性別や年代に依存しない点は，好都合な結果だと言える．

3.8 ビーズを塗布した樹脂表面の感性評価

前節の触素材を対象とした実験では，触素材の物理特性がばらばらだったため，「かわいい」の程度と対象の物理属性との関係を定式化できないという問題点があった．そこでビーズを均一に塗布した樹脂表面を対象として，「かわいい」を含めた感性評価を行うことにした．「ビーズを均一に塗布した樹脂表面」の例としては，コーヒーの缶や化粧水のボトルをイメージしてほしい．ここで塗布されるビーズは材質が3種類で，その物理属性である硬さと粒子径を系統的に展開した．以下では，その予備実験の結果および感性評価実験の「かわいい」という評価項目に着目した結果について紹介する[55, 56]．

a. 樹脂サンプル

ビーズを塗布した樹脂表面サンプルは，コーヒー缶状の容器の側面に巻きつけた．それらは，樹脂の材質が PE（金属用塗料のベースで，ポリエステル樹脂系，硬質）・VI（金属用塗料のベースで，ビニル樹脂系，軟質）・FP（フィルム用塗料のベースで，ポリエステル樹脂系）の3種類，それぞれの材質の樹脂に対して，ビーズの粒子径が #1（6μm）から #7（93μm）の7種類，ビーズの硬さが S（soft）・M（medium）・H（hard）・SH（super hard）の4種類で，その組合せは**表 3.9**に示す通りとした．また，樹脂の各材質にビーズを塗布しないサンプルも準備した．さらにそれぞれに対して容器の重さを2種類準備し，総サンプル数は66種類となった．

表 3.9 ビーズの粒子径と硬さの組み合せ

	#1	#2	#3	#4	#5	#6	#7
S				○			
M	○	○	○	○	○	○	○
H				○			
SH				○			

b. サンプル類似度評価実験

感性評価におけるサンプル数を絞る目的で，サンプルの類似度を評価する予備実験を行った．対象とするサンプルは，ビーズを含まないサンプルを除いた60種類とした．

硬さについては**表3.10**，粒子径については**表3.11**の組み合せで，実験協力者に提示し，「似ている」「どちらでもない」「似ていない」の3択で回答してもらった．サンプルの提示は視覚提示（見てもらう）および触覚提示（触ってもらう）とし，提示方法はカウンターバランスをとった．

6名の20代前半の学生を対象として実験を実施した．視覚提示の様子を**図3.40**，触覚提示の様子を**図3.41**に示す．「似ている」を1点，「どちらでもない」を0.5点，「似ていない」を0点として平均値を算出した．樹脂の材質がPE，重

表3.10 ビーズの硬さの比較の組み合せ

	S	M	H	SH
S				
M	○			
H		○		
SH	○		○	

表3.11 ビーズの粒子径の比較の組み合せ

	#1	#2	#3	#4	#5	#6	#7
#1							
#2	○						
#3		○					
#4	○		○				
#5		○		○			
#6			○		○		
#7				○		○	

図3.40 視覚提示の様子

図3.41 触覚提示の様子

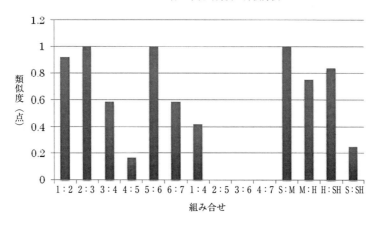

図 3.42 類似度の平均値

さが軽い方で，提示方法が視覚提示の場合の結果を**図 3.42**に示す．この図で横軸は比較した組み合せを示し，例えば 1：2 は粒子径＃1 と粒子径＃2 との比較結果を示している．視覚提示と触覚提示のどちらでも平均値が 0.8 以上の場合に片方のサンプルを除外することにし，また重さの軽重で結果に差がなかったことから，以降の実験で使用するサンプルは，軽いサンプルのみで，以下の 28 種類とした．

- PE：無，#2，#3，#4，#5，#6，#7，M，H，SH
- VI ：無，#2，#3，#4，#5，#6，#7，M
- FP：無，#2，#3，#4，#5，#6，#7，M，H，SH

ここで，「無」はビーズなしのサンプルをさす．

c. 感性評価項目類似度評価実験

この実験は，「かわいい」以外の感性評価項目も対象にしていたため，参考文献から視覚・触覚に関連する形容詞対や形容詞を収集し，それらから類似度の高い形容詞対や形容詞を除外する目的で，類似度を評価する予備実験を行った．これは，「かわいい」と直接には関係ないが，結果が次の実験条件の一部となるため，ここに記載する．

サンプルは，それぞれの樹脂の無，#1，#4，#7 の 4 種類を対象とした．実験協力者に，ビーズなしのサンプルを基準として，それ以外の 11 サンプルに対して形容詞対および形容詞を用いて感性評価を行ってもらった．形容詞対は 7 段階評価（基準のサンプルが 4），形容詞は 5 段階評価（例えば「かわいい」の場合，基

表 3.12 採用した形容詞対と形容詞

形容詞対	形容詞
洗練された―平凡な	なめらか
すっきりした―ごてごてした	しっとり
男性的―女性的	ざらざら
快適な―不快な	ねっとり
おもしろい―つまらない	さらさら
熱い―冷たい	つるつる
持ちやすい―持ちにくい	刺激的な
人工的な―ナチュラルな	落ち着いた
大人っぽい―幼い	かっこいい
好き―嫌い	かわいい
	ワイルド
	マイルド

準のサンプルが3で，1：比較対象が基準と比べて全くかわいくない，5：基準と比べて非常にかわいい）とした．なお，いずれの形容詞対や形容詞についても，「判断できない」場合にはその旨回答してもらうことにした．サンプルの提示方法は視覚提示と触覚提示で，提示順序はカウンターバランスをとった．

6名の20代前半の学生を協力者として実験を実施した．「判断できない」という回答が多かった項目を除外し，それ以外について形容詞対・形容詞それぞれを対象としてクラスター分析を行い，類似の項目を整理した．結果として以降の実験に使用することにした形容詞対および形容詞を，**表3.12**に示す．

d. 感性評価実験

以上の2種類の予備実験の結果を踏まえ，3種類の材質でビーズの硬さと粒子径の異なる樹脂表面の感性評価実験を実施した．対象とするサンプルは28種類，感性評価項目は表3.12の形容詞対・形容詞とした．

サンプルの提示方法は，視覚・触覚・視触覚の3種類とし，提示順序は，視触覚は必ず最後として，視覚提示と触覚提示でカウンターバランスをとった．基準のサンプルはビーズを含まない3種類とし，評価方法は前項の予備実験と同様とした．すなわち例えば「かわいい」の場合，対象サンプルが基準サンプルと比較してかわいいかどうかを5段階評価で評価してもらった．

実験協力者は，20代男女各12名，40～50代男女各12名の計48名とした．各感性評価項目に対して，提示方法ごとに，「ビーズの硬さ・樹脂の材質・性別」お

よび「ビーズの粒子径・樹脂の材質・性別」の三元配置の分散分析を行った．形容詞（片側5段階）に対する結果を表3.13～3.16にまとめる．

「かわいい」に対するビーズの硬さ・樹脂の材質・性別に対する分散分析では，触覚提示でビーズの硬さに有意な主効果があり（$p<.05$），軟らかいほど評価が高かった．また「かわいい」に対するビーズの粒子径・樹脂の材質・性別に対する分散分析の結果は以下の通りであった．

①すべての提示方法で，ビーズの粒子径に有意な主効果があり（$p<.001$），粒子径が小さいほど評価が高かった．

②視覚提示および視触覚提示で，性別に有意な主効果があり（$p<.01$），女性の方が男性より評価が高かった．

さらに，それぞれの分散分析において要因間に交互作用のある場合があったが，ここでは省略する．

また，以上の結果に基づき以下の重回帰式を仮定して年代ごとに重回帰係数を求めた．ここでlogは常用対数である．

$$y = a + b\log x_1 + cx_2 + dx_3 + ex_4 + fx_5 + gx_6$$

ここで，

y は評価項目の評価平均点．

x_1 はビーズの粒子径の数値（μ），

x_2 は樹脂の材質VIのダミー変数（樹脂VIのとき1，それ以外0），

x_3 は樹脂の材質FPのダミー変数（樹脂FPのとき1，それ以外0），

x_4 はビーズの硬さHのダミー変数（硬さHのとき1，それ以外0），

x_5 はビーズの硬さSHのダミー変数（硬さSHのとき1，それ以外0），

x_6 は女性ダミー変数（女性1，男性0）．

この式により，ビーズの粒子径や硬さや実験協力者の性別の評価への影響が一元的に表現できる．視覚提示における「かわいい」に対する重回帰式を以下に示す．

かわいい＝$4.45 - 1.46\log x_1 + 0.31x_2 + 0.13x_3 - 0.21x_4 - 0.17x_5 + 0.30x_6$ （20代）

かわいい＝$5.05 - 1.83\log x_1 + 0.28x_2 + 0.23x_3 - 0.06x_4 - 0.21x_5 + 0.06x_6$

（40～50代）

この式から，視覚提示における「かわいい」の評価は，ビーズ径が大きいほど，またビーズの硬さが硬いほど低く，また20代では女性の評価が男性と比較して高いが，40～50代ではそれほど男女に差のないことがわかった．

3.8 ビーズを塗布した樹脂表面の感性評価

表 3.13 ビーズの硬さ・樹脂の材質・性別の分散分析の結果 (20代)

評価項目	視覚提示			触覚提示			視触覚提示		
	ビーズの硬さ	樹脂の材質	性別	ビーズの硬さ	樹脂の材質	性別	ビーズの硬さ	樹脂の材質	性別
なめらか									
しっとり									
ざらざら	**			*		**	***		
ねっとり				*					
さらさら	*				*				
つるつる	***	*		*			***	*	
ワイルド			*						*
マイルド								*	
刺激的				*		*			*
落ち着き								*	
かっこいい									
かわいい				*					

***: $p < .001$, **: $p < .01$, *: $p < .05$.

表 3.14 ビーズの硬さ・樹脂の材質・性別の分散分析の結果 (40〜50代)

評価項目	視覚提示			触覚提示			視触覚提示		
	ビーズの硬さ	樹脂の材質	性別	ビーズの硬さ	樹脂の材質	性別	ビーズの硬さ	樹脂の材質	性別
なめらか	*	***	*	**			*		
しっとり		*							
ざらざら		**		**			***		*
ねっとり									*
さらさら								*	
つるつる	***	***		**			**		**
ワイルド			*						
マイルド		**			**				
刺激的		*							
落ち着き	**								
かっこいい			*				*		
かわいい	**	**							

***: $p < .001$, **: $p < .01$, *: $p < .05$.

表3.15 ビーズの粒子径・樹脂の材質・性別の分散分析の結果（20代）

評価項目	視覚提示			触覚提示			視触覚提示		
	ビーズの粒子径	樹脂の材質	性別	ビーズの粒子径	樹脂の材質	性別	ビーズの粒子径	樹脂の材質	性別
なめらか	***	***		***			***		
しっとり	***		**	**			***		
ざらざら	***	***		***			***		
ねっとり									
さらさら	***	**		***		**	***		**
つるつる	***			***			***		***
ワイルド	***	***		***			***	*	
マイルド	***	***		***		***	***	**	
刺激的	***	***		***			***	***	**
落ち着き	***	***	**	***			***	*	**
かっこいい									
かわいい	***		***				***		**

***：$p < .001$, **：$p < .01$, *：$p < .05$.

表3.16 ビーズの粒子径・樹脂の材質・性別の分散分析の結果（40～50代）

評価項目	視覚提示			触覚提示			視触覚提示		
	ビーズの粒子径	樹脂の材質	性別	ビーズの粒子径	樹脂の材質	性別	ビーズの粒子径	樹脂の材質	性別
なめらか	***		***	***	*	***	***		*
しっとり	***						***		
ざらざら	***	*		***	*		***	*	
ねっとり									
さらさら	***	**		***			***		
つるつる	***		**	***		***	***		***
ワイルド	***	***		***			***	*	
マイルド	***	**	***	***			***		
刺激的	***	***		***			***	***	
落ち着き	***	*		***		*	***		
かっこいい		*				***			***
かわいい	***		**	**			***		**

***：$p < .001$, **：$p < .01$, *：$p < .05$.

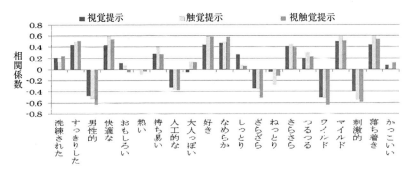

図 3.43 「かわいい」と他の形容詞の相関係数

さらに 20 代の実験結果に対して，感性評価に使用した評価項目間の相関分析を行った．「かわいい」とそれ以外の項目との間の相関係数を図 3.43 に示す．この図からもわかるように，今回のサンプルに対する感性評価には，正負を含めて相関の高い項目と高くない項目があった．「かわいい」と正の強い相関があったのは「快適な」「好き」「なめらか」「マイルド」「落ち着き」など，一方，負の強い相関があったのは「男性的」「ワイルド」「刺激的」，あまり相関がなかったのは「おもしろい」「熱い」「かっこいい」であった．

e. まとめ

ビーズを均一に塗布した樹脂表面のビーズの物理的属性を系統的に展開し，20代および 40・50 代を対象としてその感性評価実験を行った．評価結果に対し，分散分析や重回帰分析により，物理的属性と感性評価との関係を明らかにした．感性評価がビーズの粒子径による影響が大きいことや性別間の差が明らかになった．20 代の方が「かわいい」の評価に対する男女差が大きいこともわかった．

3.9 かわいい音

これまで視覚刺激，触覚刺激を対象とした「かわいい」に関する評価実験を行ってきたが，聴覚における「かわいい」については研究を行ってこなかった．そこで，聴覚情報すなわち音における「かわいい」要素を明らかにすることを目的として実験を行った．音の基本的属性は，「音の大きさ」「音の高さ」「音色」である[57]．そこで音における「かわいい」要素を明らかにするために，この音の 3 要

a. かわいい音色に関する実験

音色によって「かわいさ」が異なるかどうかを明らかにすることを目的として，実験を行った．音色は，オーケストラに用いられる楽器の音色にオルゴールの音色を加えた計16種類を用いた．それぞれの音色について，「かわいさ」を評価してもらった．

実験に使用した音は，テンポが120 BPMで440 Hzの実音ラの全音符を鳴らし，2拍空けて全音符をもう一度鳴らしたものである．音圧は，38±1.5 dBAに設定した．以上の条件で，楽器の音色を変えた16種類の音を，ヘッドホンを通じて実験協力者に聴いてもらった．なお，提示する音の順番は順序効果を考慮しランダムとした．

「かわいさ」の評価には，VAS法を使用した．実験は20代男性6名に対して行った．得られた評価点数の平均値と標準偏差を，**図3.44**に示す．

「かわいさ」の評価点数に対して音色で一元配置の分散分析を行った結果，1%水準で有意な主効果があった．これより，音色によって「かわいさ」の評価が異なることがわかった．また，多重比較の結果，以下に有意差があった（$p<.05$）．

- オルゴールとヴァイオリン
- オルゴールとバスーン
- オルゴールとトランペット
- オルゴールとグロッケンシュピール

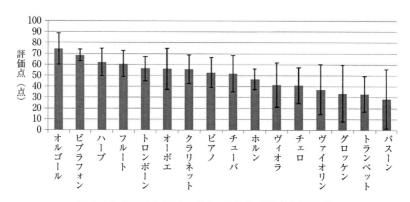

図3.44 楽器音の「かわいさ」の評価点の平均値と標準偏差

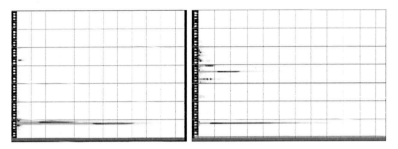

図 3.45（口絵 7）　周波数解析の結果の例（左：オルゴール，右：グロッケンシュピール）

- ビブラフォンとバスーン
- ビブラフォンとトランペット
- ビブラフォンとグロッケンシュピール

　この結果より，オルゴールとビブラフォンが「かわいさ」の評価点数の平均値が低かった4種類の音色（以下，下位の音色）と差があることがわかった．下位の音色の標準偏差が比較的大きかったことより，「かわいくない」と感じる音には個人差が大きかったと考えられる．

　なお，以降の実験で用いる音色は，他の音色より「かわいい」の評価が有意に高かったオルゴールとビブラフォンとした．

　音色の周波数解析を行った結果の例を図 3.45（口絵 7）に示す．下位の音色と差があるオルゴールとビブラフォンは基音の成分が強く，下位の音色は基音以外の成分が比較的強いことがわかった．このことから，基音の成分が強い方が「かわいい」と感じる可能性が示唆された．

b.　「かわいい」音の大きさに関する実験

　音の大きさが「かわいい」にどのような影響を与えるのかを調べる目的で実験を行った．実験には，以下の条件を組み合せた計12種類の音を用いた．

①音色が2種類（オルゴール・ビブラフォン）
②音の高さが3種類（440 Hz・880 Hz・1760 Hz）
③音の大きさの初期値が2種類（31 dBA・51 dBA）

　実験は実験協力者がテンキーを用いて行う．テンキーの5の数字キーを押すと音が2秒間提示される．テンキーで音の大きさを調整し，再度聴いてもらう．以上の流れを「かわいい」と感じる音の大きさになるまで行ってもらう．音の大き

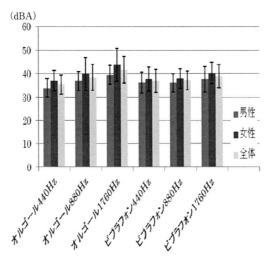

図 3.46 「かわいい」音の大きさの平均値と標準偏差

さは,テンキーを押すごとに約 0.4 dBA 変化する.なお,暗騒音は約 30.0 dBA であった.

実験は,20 代男性 8 名,20 代女性 8 名の計 16 名に対して行った.実験協力者に調整してもらった「かわいい」と感じる音の大きさの平均値と標準偏差を**図 3.46** に示す.

「かわいい」音の大きさ (dBA) に対して,音の高さ,性別で二元配置の分散分析を行った.その結果,音の高さの主効果は 1%水準で有意であった.さらに音の高さに対して多重比較の結果,440 Hz と 1760 Hz の間に有意差があり,1760 Hz の方が 440 Hz より音の大きさの平均値が大きかった.これより,音の高さによって「かわいい」と感じる音の大きさが異なり,音の高さの高い方が「かわいい」と感じる音の大きさが大きい可能性が示唆された.

また,性別の主効果が 5%水準で有意であった.男性と女性では「かわいい」と感じる音の大きさが異なり,女性の方が「かわいい」と感じる音の大きさが大きいことがわかった.

c.「かわいい」音の高さに関する実験

音の高さが「かわいい」にどのような影響を与えるのかを調べる目的で実験を行った.実験では,以下の 4 種類の音を提示した.

3.9 かわいい音

表 3.17 「かわいい」音の高さの選択された回数

音の高さ	C4	C#4	D4	D#4	E4	F4	F#4	G4	G#4	A4	A#4	B4
選択回数	0	0	0	0	1	6	0	0	0	2	2	4
音の高さ	C5	C#5	D5	D#5	E5	F5	F#5	G5	G#5	A5	A#5	B5
選択回数	5	0	0	0	0	2	0	2	1	1	0	0
音の高さ	C6	C#6	D6	D#6	E6	F6	F#6	G6	G#6	A6	A#6	B6	C7
選択回数	3	0	1	1	0	0	2	4	3	5	3	1	15

(1) オルゴール，音の高さ初期値：E4（329.63 Hz）
(2) オルゴール，音の高さ初期値：A6（1760.0 Hz）
(3) ビブラフォン，音の高さの初期値：E4
(4) ビブラフォン，音の高さの初期値：A6

実験は，実験協力者がテンキーを用いて行う．Enter キーを押すと音が 2 秒間提示される．テンキーの数字キーを用いて音の高さを調整し，再度聴いてもらう．以上の工程で，(1) から (4) の音について，C4（261.63 Hz）から C7（2093 Hz）の 37 段階の音の高さから「かわいい」と感じる音の高さを選んでもらった．音の高さはテンキーを押すごとに音階が 1 つ変化する．また，実験の最後にアンケートにも回答してもらった．

実験は，20 代男性 8 名，20 代女性 8 名の計 16 名に対して行った．各音の選択された回数を，表 3.17 に示す．

「かわいい」と思う音の高さとして，C7（2093 Hz）が最も多く選択された．C7 の音は今回提示した音の中で最も高い音であるため，これ以上の音がもっと「かわいい」と評価される可能性がある．

d. まとめ

聴覚情報すなわち音における「かわいい」の要素を明らかにするために，音の 3 要素に着目して実験を行い，以下の結果を得た．

①音色によって「かわいさ」が異なり，基音の成分が強い音色の方が「かわいい」と感じられることが推測された．

②音の大きさに対しては，音の高さによって「かわいい」と感じる音の大きさが異なることがわかった．今後，音の高さと音の大きさを組み合せた実験を行う必要がある．

③音の高さに対しては，C7（2093 Hz）以上の音が「かわいい」と感じられることが推測された．

おわりに

本章では，「かわいい」色，形，大きさ，テクスチャ，触感，音のそれぞれについて，その系統的計測・評価手法を紹介した．視覚的物理属性についてはバーチャル環境を活用し，触覚については実物を利用した．評価手法としては，アンケートを用い，5段階や7段階の評定法やVAS法や，一対比較を用いた．その主な結果は以下の通りである．

①形は，曲線系の方が直線系よりかわいい．

②色は，色相は中間色（黄赤・青緑・女性は赤紫）で，明度彩度ともに高い色あるいは純色の方がかわいい．

③大きさは，ある程度までは小さい方がかわいい．

④動物の毛のようなふわふわするテクスチャがかわいい．

⑤オノマトペで「フサフサ」「モコモコ」で表される /h/ や /m/ を子音とする触素材がかわいい．

⑥ビーズを塗布した樹脂表面については，ビーズの粒子径が小さくビーズの硬さが硬くない方がかわいい．

⑦オルゴールやビブラフォンなど基線成分の強い音色の音がかわいい．音の大きさは，比較的小さい方がかわいいが，音の高さに依存する．また音の高さは高い方がかわいい．

本章で行った実験は，第2節と第3節の色と形，および第8節の見た目の質感と触感を組み合せた「ビーズを塗布した樹脂表面」を除き，1種類の物理属性に焦点を当てている．もちろん「かわいい」と感じる感性に対する物理属性の影響は互いに全く独立ではないが，「まずは1つずつ」という考えに沿って実験を行ってきた．実際には色1つ取り上げても，複数色の配色の組み合せやパターンを対象にすると，その数は限りない．このような組み合せに対しては，本章で主に対象にしたような抽象的なオブジェクトではなく，具体的な対象物に関して実験を行い，ある程度の解を求めるのが良いと考える．そこで，第5章の「かわいい研究の応用」において，具体的な対象物に関して物理属性を組み合せた事例を紹介する．

次の第4章では，アンケートではなく心拍や脳波などの生体信号を用いた「か

わいい感」の計測・評価手法について解説する．

なお，第2章および第3章の内容に関連して，詳細な背景調査と，外国人を対象とした実験およびその結果の解析について，2012年にCheokらにより発表されている[59]．またこれ以前にCheokらと共同で行った研究報告は，文献[60]に掲載されている．

コラム［3章］
いきもののかわいさを再現するインタラクティブシステム

【三武裕玄】

赤ちゃんやペット，小動物といった「いきもの」との触れ合いは，私たちにとってかわいさの大きな源である．かわいらしいいきものたちと触れ合う体験を人工的に再現することは，より多くの人々に大きな楽しみや癒やしを提供するだけでなく，妖精やテディベアなどの想像上のいきものたちと触れ合うといった，これまでにない体験をもたらす．

a. 想像上のキャラクタとのリアルな触れ合い

筆者らが2004〜2007年にかけて制作した"Kobito ― Virtual Brownies"[1]は，のぞき窓を通した時だけ見ることができる妖精"Kobito"たちとの触れ合いを実現するAR作品である（図C3.1）．妖精"Kobito"は「こびとのくつや」をモチーフとする童話的な世界観を表現したキャラクタで，かわいい見た目と仕草を持つ．加えて，紅茶缶でつつかれるとかわいいだけでなく物理的にもリアリティのある動作で転がっていく．こう

図C3.1　作品"Kobito ― Virtual Brownies"

した体験を通じて，童話の妖精が現実に存在するかのように感じさせる．

かわいい仕草と，つつかれた時の物理的リアリティの両立は，キャラクタの動作に広く用いられる手作りのアニメーションだけでは難しかった．そこで物理シミュレーションとキーフレームアニメーションを組み合わせて用いる手法を開発し，少ないアニメーションからつつき方に応じた多様な反応動作が得られる仕組みを実現した[2]．まず，Kobitoの全身を1つの箱型とみなして物理計算を行う．紅茶缶でつつかれた際の全身の移動と傾きは，箱モデルと缶との衝突とみなして計算される．ここに，あらかじめ手作りしておいたKobitoの仕草を重ね合わせる．時間とともにコマを進める一般的なキーフレームアニメーションと違い，箱モデルの移動量と傾きのそれぞれに応じてコマを進める「多次元キーフレーム」を用いた．

さらに人型のキャラクタらしい動作になるよう，箱型モデルの姿勢制御として人間の歩行・バランス制御を単純化したモデルである倒立振子の制御を用いた．転んでしまう仕草がかわいいのであえて最適ではない制御パラメータを設定し，転びやすくしている．

実物の紅茶缶と連動するKobitoたちは体験者の想像力を刺激する．Kobitoが紅茶缶を運ぶ様子を目にした体験者は，テーブルの上の紅茶缶が動く様子を見るだけでKobitoがいる様子が想像できるようになる．のぞき窓を通さずにKobitoを直接つまみ上げようとする子供も大勢いた．子供たちの目には，彼ら自身の思い描くかわいいKobitoの姿が見えていたことだろう．

b. 心の存在を感じさせる振る舞いの自動生成

キャラクタが心を持っていると感じさせることは強い感情移入を生み，魅力につながる．人間は他者に心があると感じたがる作用があるが，キャラクタが心の働きを反映した仕草を行えばこの作用はさらに高まる．

筆者らは，小動物や赤ちゃんの視線移動に大きく関わる「選択的注意」という心の仕組みを模倣したインタラクティブキャラクタ"Koguma"を実現した[3]．赤ちゃんや子猫の仕草を想像してみてほしい．彼らは動くものを見ると気を取られ，一度気になるとしばらく凝視したり手をのばしたりするが，より気になる物が視界に入ると見向きもしなくなる．こうした行動は，外界に興味津々であることを感じさせ，かわいらしい．Kogumaは，周辺の物体ごとに動き・接触・関心に応じた「注意量」を計算し，注意量最大の物体に注視し手を伸ばす．これにより転がるリンゴを凝視する，つつかれて振り向く，リンゴと体験者の間で逡巡するなどの多彩な動作を生む（図C3.2）．細やかな触れ合いができるよう17個の関節を持つ身体物理モデルを用い，動物同様に各関節に力を発生させて動作する．こうすることで腕を引っ張る，頭をなでる，指でお腹や腕をつつくなどの細やかなインタラクションを可能とする．

より高次の心の機能としては「共同注意」も興味深い．これは相手の視線が見ているものを一緒に注視しようとする働きで，親と赤ちゃんとの間などでも見られる．共同注意の仕組みを再現することで「自分に興味を持つ」だけでなく「自分と興味を共有する」

図 C3.2　Koguma との様々なインタラクション

ようになり，より社会性のあるかわいいキャラクタを生み出せる．小嶋らの"Keepon"[4]は，こうした視線と感情表現を最小限の外観で実現したものとして完成度が高い．また，最近筆者らは，共同注意によって話題の共有を視線で示す会話エージェント[5]を開発している．

c. 手触りも動きも柔らかいぬいぐるみロボット

ぬいぐるみは，柔らかくて触感が良く，子供から大人まで親しまれる．いきものの姿を持つぬいぐるみは，童話や映像作品では生きて動くキャラクタとしても描かれてきた．動くぬいぐるみのおもちゃは古くからあるが，2003 年に商品化された RobotPhone[6] は，人が動きを与えたり遠隔操作したりすることでかわいらしく動くテディベアロボットである．一方で毛皮の下は硬いプラスチックで，抱き締めた時の触感は多くのロボット同様あまりよくない．

そこで筆者らは，ぬいぐるみの柔らかい特長を保つぬいぐるみロボット[7]を実現した（図 C3.3）．手足を布に綿を詰めた綿袋だけで作り，綿袋表面に縫い付けた糸をモータで巻き取ることで腕や脚を曲げるように素早く大きく動かすことができる．これにより芯まで柔らかいぬいぐるみの良さを保ちつつ，いきいきとした動作を実現できる．また，導電性布による柔らかいタッチセンサを持ち，抱き上げて頭をなでると手足をばたつかせるといった反応動作も行うこともできる．ぬいぐるみロボットに Koguma のようなキャラクタ動作生成の仕組みを組み込めば，現実に触れ合うことのできる身体を持ちいきいきと動くキャラクタが実現できる．

| 腕を下ろした様子 | 腕を上げた様子 | 腕を曲げて顔に触れた様子 |

 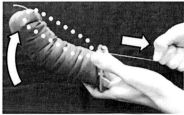

図C3.3 柔らかいぬいぐるみロボットとのインタラクションと駆動機構

　布と糸という柔らかな素材を用いた駆動機構は，触感だけでなくロボットの動き自体にも柔らかな印象を与えた．このぬいぐるみロボットは関節を持たないため，腕がゆるやかな曲線を描いて曲がる．これはぬいぐるみを用いた操り人形であるマペットを彷彿とさせる．柔らかいぬいぐるみロボットの動きのかわいらしさはこの類似性が原因かもしれない．

　ところで，骨のない動くぬいぐるみとしては杉浦らのPinoky[8]もあげられる（図C3.4）．ぬいぐるみの両肩にリング状のユニットを装着し，肩の付け根から腕を動かす仕組みで，お気に入りのぬいぐるみに命を吹き込むことができる．その機構からPinokyの動きは肩の付け根を持って腕を動かすぬいぐるみ遊びのものに近く，筆者らのぬいぐるみロボットとは少し違ったかわいさを持っている点が好対照である．

d. かわいい身体拡張

　センシングやロボット技術を用いるかわいい装着型デバイスも出現している．2012年に登場した脳波で動く猫耳[9]が好例で，装着者の感情を反映するかのように動く猫耳は，アクセサリの域を超えて装着者の身体を拡張するものと言えるかもしれない．筆者の所属研究室でも学生がぬいぐるみロボットのワイヤ駆動機構を応用して「猫のしっぽ」（図C3.5）を開発した[10]．人間にしなやかな猫のしっぽが持つかわいらしさと表現力を付与

図 C3.4 ぬいぐるみに動きを与えるデバイス "PINOKY"[8]

図 C3.5 ぬいぐるみロボットの機構を応用した猫のしっぽ型デバイス

するためのデバイスである．

こうした「拡張身体」は本来人体にない部位のため，どう動かすかの問題が生じる．クワクボリョウタの「シリフリン」[11]はしっぽが装着者の腰の動きに連動し，氏間らの「義尾」[12]は筋電を使い訓練することでしっぽを動かしている．

一方で，身体拡張デバイスにキャラクタ動作生成の仕組みを応用できれば，装着者からの入力がなくとも，装着者のおかれた状況に応じて身体部位デバイス自身が自律的に自然にかわいらしい動作で反応してくれると考えられる．将来この「かわいい寄生生物」とも言える仕組みにより，装着者の負担なくかわいい身体拡張が実現するかもしれない．

インタラクティブキャラクタの動作生成技術は，人々が想像してきた架空のいきものたちを，キャラクタやロボット，人や動物の拡張などの形で，実際に触れ合える存在として具現化する可能性を秘めている．その先にあるのは，日常生活のさまざまな場面がかわいいキャラクタたちとのインタラクションで彩られる未来である．

参考文献

[1] 青木孝文, 三武裕玄, 浅野一行, 栗山貴嗣, 遠山 喬, 長谷川晶一, 佐藤 誠：実世界で存在感を持つバーチャルクリーチャの実現 Kobito — VirtualBrownies. 日本バーチャルリアリティ学会論文誌, 11 (2)：313-322, 2006.

[2] 三武裕玄, 青木孝文, 浅野一行, 遠山 喬, 長谷川晶一, 佐藤 誠：キャラクタとの物理的なインタラクションのための剛体モデルと多次元キーフレームの連動による動作生成法. 日本バーチャルリアリティ学会論文誌, 12 (3)：437-446, 2007.

[3] 三武裕玄, 青木孝文, 長谷川晶一, 佐藤 誠：精緻なフィジカルインタラクションにおいて生物らしさを実現するバーチャルクリーチャの構成法. 日本バーチャルリアリティ学会論文誌, 15 (3)：449-458, 2010.

[4] H. Kozima, M. P. Michalowski, C. Nakagawa : Keepon : A playful robot for research, therapy, and entertainment. *International Journal of Social Robotics*, 1 (1)：3-18, 2009.

[5] 葛島健人, 三武裕玄, 長谷川晶一：話者の自然な発話を引き出す聞き手エージェントのリアルタイム視線・動作生成, 第21回日本バーチャルリアリティ学会大会, セッション 3F-01, 2016.

[6] D. Sekiguchi, M.Inami, S. Tachi : RobotPHONE: RUI for Interpersonal Communication, CHI2001 Extended Abstracts, pp.277-278, 2001.

[7] 高瀬 裕, 山下洋平, 石川達也, 椎名美奈, 三武裕玄, 長谷川晶一：多様な身体動作が可能な芯まで柔らかいぬいぐるみロボット. 日本バーチャルリアリティ学会論文誌, 18 (3)：327-336, 2013.

[8] Y. Sugiura, C. Lee, M. Ogata, A. Withana, Y. Makino, D. Sakamoto, M. Inami, T. Igarashi：PINOKY a ring that animates your plush toys, CHI 2012, pp.725-734.

[9] necomimi, neurowear / NeuroSky inc.
http://neurowear.com/projects_detail/necomimi.html

[10] 佐藤大貴, 三武裕玄, 長谷川晶一：メッシュチューブとワイヤ駆動を用いたS字を描ける装着型猫のしっぽデバイス, Entertainment Computing 2015, 2015.

[11] クワクボリョウタ：シリフリン, Ars Electronica Center 常設展示など.
http://ryotakuwakubo.com/

[12] 氏間可織, 門村亜珠沙, 椎尾一郎：義尾 退化した機能を取り戻すための身体拡張. 情報処理学会インタラクション 2015, pp.349-354, Tokyo, Japan, March 5-7, 2015.

かわいい感の生体信号による計測と分類

4.1 生体信号と生理指標

　第1章で，筆者らが「脳波を用いたAIBOの動作制御システム」の研究を行ってきたことを述べたが，それ以降も「安心感」「快適感」や「わくわく感」を心拍や脳波などの生体信号を利用して計測する研究を続けてきた（例えば[61][62][63]）．そこで，ここではまず，生体信号を利用する利点と，使用した生体信号とそこから算出される生理指標について解説する．

　従来の感性評価においては，質問紙や口頭によるアンケートのような主観的な評価指標が多く用いられてきた．アンケートは，主観的評価として確立しており，利用する上で多くのメリットを有する．しかしそれと同時に，アンケートによる評価には以下のようなデメリットがある[64]．

　①言葉のあいまいさがある．
　②実験協力者や実験者の意図が混入する可能性がある．
　③刺激提示の前後しか測定できず，刺激提示中の心理状態のモニタリングができない．

　そこでこのようなデメリットを補完する手段として，生体信号の利用を考えた．すなわち，生体信号の利用には以下のメリットがある．

　①物理量で客観的に評価ができる．
　②実験協力者自身がコントロールしづらい．
　③刺激提示中に連続的にモニターできる．

　筆者らが対象とした生体信号およびそれから算出される生理指標について以下に解説する．

　（1）皮膚電気活動　　電気皮膚活動は，実験協力者の情緒的な状態の変化に反

応して起こる皮膚や皮下組織における自律神経，主に交感神経の緊張の変化を測定するもので，不安・緊張・眠気など人間の情動を捉えられる生理的指標として利用されている[65]．皮膚電気活動から算出される生理指標としては，一過性の変化である「反応」やゆっくりしたレベル変動である「水準」がある．図4.1に，心電図とともに筆者らが計測した皮膚電気活動（直流による通電法による）の例を示す．

(2) 心拍　心電図から算出される心拍は，皮膚電気活動と同様自律神経系の指標で，図4.2に示す心電図のR波とR波との間隔から求めることが可能である．心電図は，心臓を挟むように手足などに電極を装着することで比較的容易に計測することができる．心拍は，運動だけでなく，不安や緊張といった精神的な要因によっても変化が起こることが知られており，情動変化の指標として用いられている[66-70]．

心電図から算出される生理指標としては，以下がある．
- RRI (R R Interval)：R波とR波の間隔
- 心拍数：RRIの逆数で，1分間のR波の数

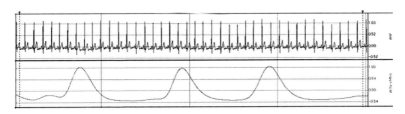

図4.1　生体信号計測結果の例（上が心拍，下が皮膚電気活動）

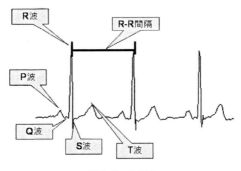

図4.2　心電図

- HF：心拍変動高周波数帯域成分（おおむね 0.15 〜 0.4 Hz）
- LF：心拍変動低周波数帯域成分（おおむね 0.04 〜 0.15 Hz）
- LF/HF：LF と HF の比
- SDNN：RRI の標準偏差
- RRV：SDNN と RRI の比

（3）呼吸　呼吸から算出される生理指標には，呼吸の大きさ・呼吸の速さ・呼吸パターンといったものがあり，それらは緊張や不安によっても変化するとされている[65, 71]．

（4）脳波　脳波は，感性が生起する中枢神経系から，その情報を直接推定しようとする生理的指標であり，さまざまな行動や意識の変化を捉える客観的な手がかりになるとされ，緊張とリラクゼーション，五感に関する快適性などの評価指標として用いられている[72]．また脳波の計測は，時間的・空間的な脳活動の状態を比較的容易に計測することができ，拘束性が少なくてすむという利点もある[73]．脳波から算出される生理指標には以下がある[65]（**図 4.3**）．

- α波（おおむね 8 〜 13 Hz の周波数帯域成分）のパワースペクトルやその割合
- β波（おおむね 14 Hz 以上の周波数帯域成分）のパワースペクトルやその割合
- θ波（おおむね 4 〜 7 Hz の周波数帯域成分）のパワースペクトルやその割合
- δ波（おおむね 4 Hz 以下の周波数帯域成分）のパワースペクトルやその割合
- α／βなどの比
- 優勢率：ある時点におけるパワースペクトルが最も大きい周波数帯域成分の全区間における時間的な割合

（5）眼球運動など　視線計測は，人がどこを見ているかの計測であり，視線追跡装置により測定あるいは算出される指標に以下がある[65]．

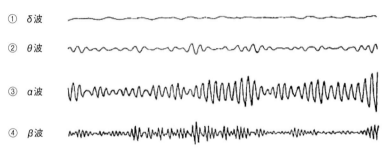

図 4.3　脳波

- 注視点：視線が留まっているある一定の範囲
- 停留時間：注視している時間
- 瞳孔径：左右それぞれの目の瞳孔の大きさで，見ているものの明るさや集中力などで変化する．
- 瞬目率：1分間のまばたきの回数で，心理状態などにより変化する．

ただし，生体信号を用いて感性を計測するという試みは筆者らのオリジナルではなく，これまでにも多く行われてきた．例えば大須賀らや平野らは，ストレスや興奮あるいは映像酔いなどの精神的な負荷（否定的な感性）を対象として，これを計測するために生体信号を用いている[74, 75]．

これに対し，「快適」などの「肯定的な感性」に着目し，その計測に生体信号を用いた例もある[76]．しかし「快適」などは静的な感性であり，「わくわく感」という「肯定的かつ動的な感性」の計測に対して，生体信号を利用した例は少ない．その数少ない例の1つに武者が開発した感性スペクトル解析システムがあり[77]，このシステムでは脳波を用いて快適感だけでなく肯定的かつ動的な感性も扱っている．

一方筆者らは，主に「わくわく感」を対象として脳波以外の生体信号も用いて感性計測の研究を行ってきた．そこで以下にその事例を紹介する[63, 78]．

4.2 わくわく感の計測

a．システムの構築

176名の学生にアンケート調査を行い，その結果から，若者のわくわく感に関して以下の2点を確認した[79]．

- 何かに期待して「どきどき」している時に，「わくわく」という感情が沸き起こっている．
- さまざまな感情（例えば「楽しい」「悲しい」「恐怖」など）に対して，「わくわく」という言葉が使われている．

そこで，さまざまな感情から「楽しい」に着目し，「どきどき」と「楽しい」に着目したシステムを構築することとした．また，ゲームの時間帯をいくつかの工程に分割し，工程ごとに異なる刺激を設けることでさまざまなわくわくの程度を生体信号で測定することとした．これらを踏まえ，先の展開を期待させるような以下の工程を持つシステムを考案した[78]．

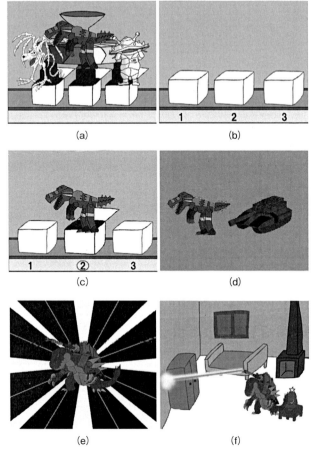

図 4.4 コンテンツの流れ

① 箱に入るモデルの確認（**図 4.4**（a））
② 3 つの箱から 1 つを選択（**図 4.4**（b））
③ 選んだ箱からモデルが出現（**図 4.4**（c））
④ ①〜③の行為をもう一度繰り返す
⑤ 出現した 2 つのモデルが合体（**図 4.4**（d）（e））
⑥ 合体したモデルがアクションを起こす（**図 4.4**（f））
このようなシステムにした理由は以下の 2 点である.

・箱から出現する時や，合体する時に期待させ，実験協力者を「どきどき」さ

せることができる
- システムにストーリーをつけることで実験協力者を「楽しい」気持ちにすることができる

次に，わくわく感の程度を測るために，表 4.1 のパラメータを設定し，これらの要素を組み合せて全 4 種類のコンテンツを作成することとした．3 種類の宝箱

表 4.1 パラメータ

パラメータ	パラメータの要素	
箱のデザイン	3種類の箱	白い箱
音（BGM や効果音）	音あり	音なし

図 4.5　3 種類の宝箱

図 4.6　システムの構成

については図 4.5 に示す．また，音については工程ごとに異なる BGM とした．

構築したシステムおよび実験システムの構成を図 4.6 に示す．出力装置として 17 インチ LCD とスピーカを，入力装置としてテンキーを用いた．生体信号の測定に BIOPAC（BIOPAC Systems, Inc. 製）と生体信号計測用 PC を用いた．

b. 評価実験方法

全 4 種類のコンテンツを実験協力者に提示し，システムの評価をしてもらう実験を行った．評価には，アンケートと生体信号を用いた．アンケートは，「楽しい―つまらない」などの両側に項目のある 7 段階評価を 23 項目と，「どきどきする」などの片側に項目のある 5 段階評価を 5 項目の計 28 項目とした．

両側に項目がある 7 段階評価においては，中央の値である 4 を「どちらでもない」とし，4 より大きい値になるほど良い評価に，4 より小さい値になるほど悪い評価になるとした．また，片側に項目のある 5 段階評価では，値が大きくなるほど良い評価とした．さらに，全コンテンツ終了後に，楽しかった瞬間などを問う自由記述のアンケートを行った．

また「わくわく感」を検出しうる生体信号として，皮膚電気活動（直流による通電法による）（GSR）・心拍・呼吸の 3 種類を用いた．

c. 評価実験結果

実験は，20 代の男子学生 12 名に対して行った．

まず，アンケート項目ごとに表 4.1 のパラメータを因子として，二元配置の分散分析を行った．例として「楽しい」の結果を表 4.2 に示す．p 値から，音の主効果が 1% 有意であり，これは他の項目においても同様の結果となった．自由記述アンケートに，システムの良かった点で「システムの BGM，効果音」という意見があったことから，システムの全体を通して音があった方が良かったと考え

表 4.2　アンケート項目「楽しい」の分散分析表

要因	偏差平方和	自由度	平均平方	F 値	p 値
音	20.02	1	20.02	14.47	0.00**
箱のデザイン	0.19	1	0.19	0.14	0.71
誤差	62.27	45	1.38		
全体	82.48	47			

**：1% 有意

られる．

次に，生体信号を解析するにあたり，生理指標の選定を行った．選定した生理指標を表 4.3 に示す．また，システムの工程の中から以下の 3 個所を選定し，それぞれに対して解析を行った．

Ⅰ．1 回目の 3 つの箱から 1 つを選択する（②）
Ⅱ．2 回目の 3 つの箱から 1 つを選択する（2 回目の②）
Ⅲ．出現した 2 つのモデルが合体した直後（⑤，図 4.4（e））

生体信号は個人差がきわめて大きい．そこで，各生理指標の算出にあたっては，あらかじめ安静状態において生体信号を測定し，そこから算出した生理指標の平均値を基準値として，その基準値との差分を各実験協力者の値とする．

各生理指標について，表 4.3 のパラメータごとに，対応のある 2 群の差の検定を行った．例として，解析箇所 Ⅰ における心拍数の結果を表 4.4 に示す．心拍数の値は，通常 50 ～ 100 程度（1 分間の心拍の数）で，運動時にはさらに大きな値

表 4.3 選定した生理指標

生体信号	生理指標
皮膚電気活動（GSR）	GSR 平均値
心　拍	心拍数
	心拍数分散
	RRI
	RRV
呼　吸	呼吸数
	呼吸数分散
	呼吸の大きさ

表 4.4 心拍数における差の検定の結果

(a) 箱のデザイン

変数	3種	白箱	差		
サンプル対	24			統計量 t	3.69
平均値	5.54	1.12	4.42	自由度	23
不偏分散	60.25	33.10		両側 p 値	0.00**
標本標準偏差	7.76	5.75		片側 p 値	0.00**

(b) 音

変数	音あり	音なし	差		
サンプル対	24			統計量 t	1.01
平均値	3.89	2.85	1.04	自由度	23
不偏分散	45.72	35.28		両側 p 値	0.31
標本標準偏差	6.76	5.94		片側 p 値	0.15

表 4.5 差の検定の結果

生理指標	パラメータ	工程 I	工程 II	工程 III
GSR 平均値	箱のデザイン	-	-	-
GSR 平均値	音	-	-	＊
平均心拍数	箱のデザイン	＊＊	＊＊	-
平均心拍数	音	-	-	-
平均 R-R 間隔	箱のデザイン	＊＊	＊＊	-
平均 R-R 間隔	音	-	-	-

＊＊：＜0.01，＊：＜0.05，－：ns．

になる．これに対し表 4.4 に示す心拍数の平均値の値が小さいのは，この値が基準値（安静状態の値）との差分だからである．p 値から，箱のデザインの差が 1 ％水準で統計的に有意であるのに対し，音では有意差がなかった．その他の結果を含め，表 4.5 にまとめる．

表 4.5 から，工程 I と II で，心拍数と RRI において，箱のデザインに有意水準 1 ％で差があった．また，工程 III では GSR 平均値において音の有無に有意水準 1 ％で差があった．

以上から，工程によって実験協力者の「わくわく感」に影響を与えるパラメータの種類が異なることがわかった．

d. 考察とまとめ

音の有無に工程 III で GSR 平均値に有意差があり，箱のデザインに工程 I，II で心拍数と RRI に有意差があった．一方，アンケート結果では音の有無のみに有意差があった．ここで工程 I，II はシステムの前半部分の工程であり，工程 III はシステムの後半部分の工程である．このことから，アンケートはシステムの後半部分の印象を反映していることが示唆された．また，工程ごとに次の項目に違いがあることが確認できた．

- 実験協力者の感性に影響を与えるパラメータの種類
- わくわく感を検出できる可能性のある生理指標

さらに，このような研究を行う中で，「わくわく感」が計測できるということは，「かわいいものを見た時のわくわく感」も計測できるのではないかと考えた．そこで行った実験について，次節以降で紹介する．

4.3 かわいい色と生体信号

ここでは，かわいい色を見た時に生じる快適感やわくわく感などの心理状態を，生体信号の変化として捉えることができないかと考え，かわいい色と生体信号との関係を調べてみた[80, 81]．

a. 使用する色の選定

20代の学生6名（男性4名，女性2名）を対象に，かわいい色とかわいくない色を色表[82]の381種類から選択してもらった．その結果，かわいい色はピンク系，かわいくない色は濃く暗い茶系や濃く暗い緑系が選択されたので，ピンク（5R 7/10）・茶色（5R 4/6）・緑（2G 4/4〜3G 4/4）・青（10B 7/6）の4種類の色を使用することにした（括弧内はマンセル表色系の表記法[43]）．

b. 実 験 方 法

実験システムの概要を図4.7に示す．実験は，スクリーン一面に1色を映して実験協力者に見せ，「かわいい―かわいくない」についての7段階評価とその理由を口頭で回答してもらった．7段階評価のアンケートは，−3：「非常にかわいくない」，−2：「かなりかわいくない」，−1：「ややかわいくない」，0：「どちらとも言えない」，1：「ややかわいい」，2：「かなりかわいい」，3：「非常にかわいい」とした．実験手順を以下に示す．

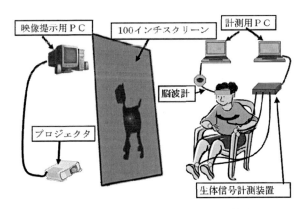

図4.7 「かわいい」色を見たときの生体信号の計測実験システム

①実験協力者に，30秒間安静状態を保ってもらう．
②20秒間，スクリーンに映された色を見てもらう．
③口頭でアンケートに答えてもらう．

②と③を4種類の色に対して繰り返した．提示する色の順番は実験協力者ごとにランダムとした．

なお，実験中は常に生体信号（皮膚電気活動，心拍，呼吸，脳波）を計測した．皮膚電気活動，心拍，呼吸の計測には BIOPAC Student Lab（BIOPAC Systems, Inc. 製），脳波の計測には Brain Builder Unit（㈱脳力開発研究所製）を用いた．

c. 実験結果と考察

実験は，20代の男女各8名，計16名に対して行った．生体信号を解析するにあたり，生理指標の選定を行った．用いた生理指標は以下の通りである．ここで，slow α 波（7〜8 Hz），mid α 波（9〜10 Hz），fast α 波（11〜12 Hz）とは，脳波の α 波をさらに細分化したものである[83]．

- 皮膚電気活動（直流による通電法による）（GSR）：GSR平均，GSR分散
- 心拍：心拍数，心拍数分散，RRI，RRV（R-R間隔の分散）
- 呼吸：呼吸数平均，呼吸数分散，呼吸の大きさ
- 脳波：θ 波，slow α 波，mid α 波，fast α 波，β 波それぞれの出現率（パワースペクトルの割合）と優勢率（最も優勢な時間の割合）

これらは，安静時の値を基準とした．まずアンケート評価の結果を，図 4.8 に示す．さらに，色と性別で二元配置の分散分析を行った結果，色で有意水準1%の主効果，性別で有意水準5%の主効果があり，また色×性別の交互作用も5%有意であった（表 4.6）．そこで，アンケート評価が高かった実験協力者と低かった実験協力者とに分けて，各生理指標の解析を行うことにした．

すなわち，各生理指標に対し，アンケート評価が1以上の場合を「かわいい」，−1以下の場合を「かわいくない」とし，0の場合は除外して，かわいい」と「かわいくない」の2群のデータに対し，対応のない差の検定を行った．

その結果，心拍数に5%で有意差があり，「かわいい」と評価した場合の方が大きかった（表 4.7）．心拍数の低下は一般にリラックスの指標として用いられており[62]，「かわいい」と評価した場合は，そうでないと評価した場合と比べて，リラックスという静的な精神状態とは逆の活動的な精神状態（つまり「わくわく」

4.3 かわいい色と生体信号

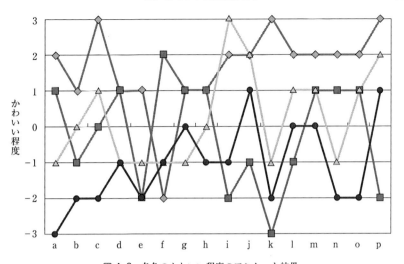

図4.8 各色のかわいい程度のアンケート結果
横軸は実験協力者で，a〜hが男性，i〜pが女性．
◆ ピンク，■ ブルー，△ ブラウン，● グリーン．

表4.6 色のかわいい程度の2元分散分析表

要因	偏差平方和	自由度	平均平方	F値	p値
色	60.3125	3	20.1042	13.94	0.0000**
性別	6.25	1	6.25	4.333	0.0419*
色x性別	17.125	3	5.70833	3.959	0.0125*
誤差	80.75	56	1.44196		
全体	164.4375	63			

表4.7 「かわいい」と感じた場合と感じなかった場合との心拍の差の検定

要因	かわいい	かわいくない	差	等分散性	T検定 t
数	32	26		F：1.74	T：1.75
平均	3.14	0.88	2.26	DOF1：25	DOF：56
不偏分散	17.92	31.11		DOF2：31	0.08
標準偏差	4.23	5.58	1.34	P：0.15	0.04*

した状態）であることが示唆された．

また各生理指標に対し，さらに男女別に，上述した2群に対して対応のない差の検定を行った．その結果，女性のmid α波の優勢率に5％で有意差があり，「かわいい」と評価した場合の方がmid α波の優勢率が小さかった．mid α波の優勢率の増加も，一般的にリラックスの指標として用いられている[83]．そこでこの結果から，女性については，「かわいい」と評価した場合に「かわいくない」と評価した場合よりも活動的な精神状態になることが示唆された．

d. まとめ

ここでは，かわいい色を見た時に生じる快適感やわくわく感などを生体信号で検出する試みを紹介した．実験結果の解析から，スクリーンに映した色を「かわいい」と評価した場合はそうでない場合よりも心拍数が有意に大きく，また女性については，mid α波の優勢率も同様であった．これらは，スクリーンに映した色を「かわいい」と評価した場合の活動的な精神状態を示唆しており，当初の目的が達成できたことを示すと考えられる．

4.4 かわいい大きさと生体信号

次に，大きさの異なるものを見た時に生じるかわいい感の違いを，生体信号の変化として捉えることができないかと考え，かわいい大きさと生体信号との関係を調べてみた[80, 81]．

a. 実験方法

実験システムは，図4.7のシステムにプロジェクタをもう1台用い，両プロジェクタに偏光板を取り付け，PCから立体視用画像をスクリーンに提示して，実験協力者に偏光メガネを着用してもらい，提示したオブジェクトを立体視してもらった．提示する立体オブジェクトは，これまでの実験および予備実験の結果から，形を円環体，色を黄色（マンセル表色系で5Y8/14）とし，図4.9と表4.8（スクリーン提示時の実験協力者からの見込み角）に示す4種類の大きさのオブジェクトとした．

実験では，実験協力者に4種類の大きさのオブジェクトを1種類ずつランダムな順序で30秒間提示し，それぞれに対して「かわいい―かわいくない」の7段

4.4 かわいい大きさと生体信号

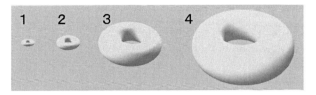

図 4.9 提示した立体オブジェクト

表 4.8 各オブジェクトの視野角

番号	1	2	3	4
比率	1	2	6	10
縦（deg）	10.6	21.7	64.4	106.1
横（deg）	14.6	29.5	87.4	145.5

階評価とその評価の理由を口頭で回答してもらった．実験前30秒間とオブジェクト提示中に，実験協力者の生体信号（心拍，脳波）を計測した．生体信号の測定には，BIOPACと生体信号計測用PCを用いた．

b. 実験結果

実験は20代の男女各12名，計24名に対して行った．まずアンケート評価（+3から−3までの7段階評価）の結果を**図4.10**に示す．アンケート結果について，

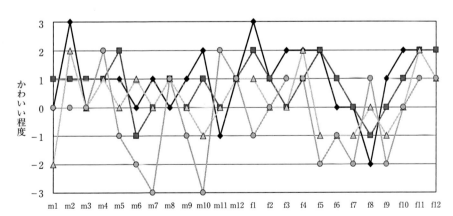

図4.10 各大きさのかわいい程度のアンケート結果
横軸は実験協力者で，m1～m12が男性，f1～f12が女性．
提示オブジェクト ◆─ 1，■─ 2，△─ 3，○─ 4．

提示オブジェクトの大きさに対して一元配置の分散分析を行ったが，主効果はなかった．そこで，大きさが小さいもの（以下，大きさ1・2）と大きいもの（以下，大きさ3・4）の2群に分け，対応のない2群の差の検定を行ったところ水準1%で有意差があった．

心拍数については，オブジェクトを提示されていた30秒間の平均心拍数を算出し，実験協力者ごとに実験前30秒間の平均心拍数を基準として差をとることで基準化した．提示オブジェクトの大きさに対して一元配置の分散分析を行ったが，主効果はなかった（表4.9）．しかし「小さい方がかわいい」と評価の理由を説明した実験協力者16名では，図4.11に示すように，小さいオブジェクトを提示された場合に平均心拍数が大きい傾向にあった．そこで，アンケート評価が1以上を「かわいい」場合，-1以下を「かわいくない」場合として，0の場合は除外して，平均心拍数データを2群に分け，対応のない2群の差の検定を行ったところ，水準1%で有意差があった（表4.10）．さらに「かわいい」場合と「かわいくない」場合のデータ数がそれぞれ一定数あった大きさ3と4について同様の解析を行ったところ，大きさ3では水準5%で有意差が，大きさ4では水準1%で有意差

表4.9　大きさのかわいい程度の分散分析表

要因	偏差平方和	自由度	平均平方	F値	P値
大きさ	23.5	3	7.8333	5.456	0.0017**
性別	0.667	1	0.6667	0.464	0.4974
大きさ×性別	0.8333	3	0.2778	0.193	0.9006
誤差	126.33	88	1.4356		
全体	151.33	95			

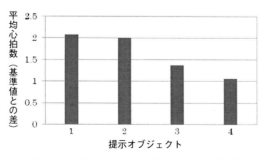

図4.11　提示オブジェクトごとの心拍数の平均値

表 4.10 「かわいい」と感じた場合と感じなかった場合との心拍数の差

要因	かわいい	かわいくない	差	等分散性	T 検定
数	50	20		$F:2.99$	$T:2.555$
平均	3.45	0.60	2.85	DOF1：49	DOF：68
不偏分散	18.98	14.61		DOF2：19	0.013
標準偏差	4.36	3.82	0.534	$p:0.542$	0.006**

があった．

c. 考察とまとめ

アンケート結果から，オブジェクトの大きさは小さい方がかわいいことがわかった．また，図 4.11 において平均心拍数が大きさに依存しているように見えるが，実際は大きさではなく提示オブジェクトを「かわいい」と評価しているかどうかに依存していると考えられる．心拍数の低下は，一般にリラックスの指標として用いられていることから[65]，「かわいい」と評価した場合は，そうでないと評価した場合と比べて，リラックスという静的な精神状態とは逆の活動的な精神状態（「わくわく感」）であることが示唆された．

4.5 かわいい大きさの詳細

前節の実験ではバーチャル環境を利用して「かわいい大きさ」の実験を行ったが，結果は「小さい方がかわいい」ということであった．そこでさらに小さなオブジェクトの提示，および 3D ディスプレイと AR メガネの 2 種類のオブジェクト提示方法の違いによる，「かわいい」の評価への影響を明確にすることを目的として，新たな実験を行った[64-67]．

a. 実 験 方 法

今回提示するオブジェクトは，すでに紹介した実験結果に基づき，球体とした[39,40]．色は男女ともに「かわいい」と評価された黄赤を用いることにした[42]．また提示方法は，3D ディスプレイに提示する方法（VR）と，AR（augmented reality，拡張現実感）を用いて実験協力者の手の上に提示する方法の 2 種類とした．

VR での提示では，実験協力者には円偏光メガネを装着してもらい，HYUNDAI

IT CORP製の46インチの3Dディスプレイ S320D から1mの距離で球体を見てもらった．ARでの提示では，実験協力者にVizix Corporation製の拡張現実用ヘッドマウントディスプレイ Wrap920AR を装着してもらい，手の上にマーカーを載せて0.5mの距離で球体を見てもらった．それぞれの実験の様子を**図4.12，4.13**に示す．

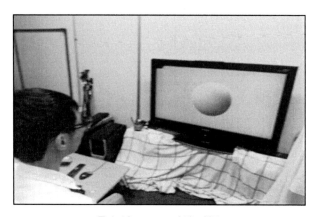

図4.12　VRでの実験の様子

図4.13　ARでの実験の様子

表4.11　球体の視野角

	1	2	3	4
視野角	2.3°	4.6°	9.1°	18.2°

4.5 かわいい大きさの詳細

それぞれ4種類の大きさについて「かわいい」の程度を評価してもらう実験を実施した．提示する球体の視野角はVR，ARともに**表4.11**のようにした．提示順は順序効果を考慮しランダムとし，「安静状態20秒の後，ある大きさの球体を20秒間見てもらう」を4回繰り返した．評価には，アンケート（+3から-3までの7段階評価）と，生体信号としてはこれまでの実験で有用な結果の多かった心拍を用いた．心拍の測定には，マイクロ・メディカル・デバイス社製のワイヤレス生体センサー RF-ECG，その電極（メッツ社製ブルーセンサ M-00-S）および受信機と，生体信号計測用 PC を用いた．

b. 実験結果

実験は，男女各8名，計16名に対して行った．

1) アンケート

VRでの評価の分布を**図4.14**に示す．この図より，大きいオブジェクトの方がかわいさの評価が低いことがわかる．また，大きさと性別を要因とする二元配置の分散分析の結果，大きさで有意水準5％の主効果があった（**表4.12**）．

ARでのオブジェクト提示の様子を**図4.15**に，評価の分布を**図4.16**に示す．この図より，VRと同様に大きいオブジェクトの方がかわいさの評価が低い結果

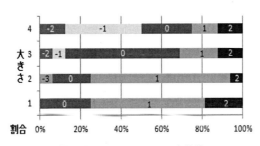

図4.14　VRでのアンケート結果

表4.12　VRでの大きさと性別での2元の分散分析

要因	平方和	自由度	平均平方和	F値
大きさ	36.297	3	12.099	6.223**
性別	.766	1	.766	.394
大きさ×性別	3.422	3	1.141	.587

**p < .01　　*p < .05.

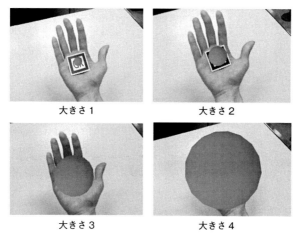

図 4.15 AR でのオブジェクト提示の様子

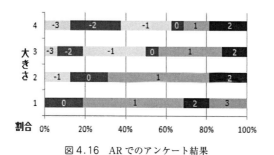

図 4.16 AR でのアンケート結果

表 4.13 AR での大きさと性別での 2 元の分散分析

要因	平方和	自由度	平均平方和	F 値
大きさ	11.313	3	3.771	3.224**
性別	.063	1	.063	.053
大きさ×性別	2.563	3	.854	.730

**$p<.01$ *$p<.05$.

となった．また，VR と同様に，大きさと性別での二元配置の分散分析を行ったところ，大きさで有意水準 1% の主効果があった（**表 4.13**）．また，VR と AR の評価に正の相関（$r=0.43$）があった（有意水準 1%）．

それぞれの大きさについて，VR と AR の 2 つの提示方法での対応のある差の検定を行ったが，どの大きさも有意差はなかった．また，すべての大きさをまと

表 4.14　VR と AR の比較

大きさ	VR の平均	AR の平均
1	0.94	1.31
2	0.63	0.75
3	0.25	-0.19
4	-0.19	-0.63

表 4.15　心拍の安静状態との差分の平均

		VR の平均	AR の平均	平均値
心拍	かわいい	2.36	3.23	2.80
	かわいくない	-0.91	0.90	-0.01

めたものについて，VR と AR で対応のある差の検定を行ったが，有意差はなかった．VR と AR の比較について**表 4.14**に示す．この表から，AR の方が VR と比べて，大きさ 1 では評価が高く，大きさ 4 では評価が低いことがわかる．

図 4.14と**図 4.16**でそれぞれの提示方法を比較すると，VR よりも AR の方が評価が-3 から+3 まで分布しており，「かわいくない」「かわいい」の評価が明確だった．そこで，今後の実験において AR を用いる方が結果が明確になると考えられる．

2）心　拍

心拍数を算出した．ただし，個人差が大きいので直前の安静時との差分を解析対象とした．心拍数に対し，アンケートにおける評価が「1，2，3」を「かわいい」，「-1，-2，-3」を「かわいくない」とした 2 群に分け，対応のない差の検定を行った結果，AR では有意差があった（有意水準 1%）が，VR では有意差はなかった．それぞれの提示方法における心拍数の平均値を**表 4.15**に示す．安静状態の平均と比較すると「かわいい」の方が 3 拍程度大きくなるに対し，「かわいくない」の方は安静状態の平均とほぼ同じであった．このことから前節（4.4 節）で

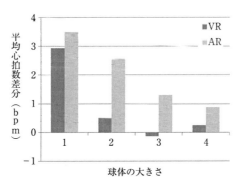

図 4.17　大きさごとの心拍数（安静状態との差分）の平均値

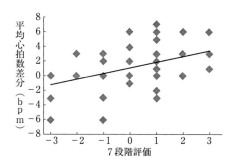

図4.18 ARでの7段階評価と心拍数（安静状態との差分）との相関
◆ 安静状態との差分

紹介した実験結果である「かわいいと感じる時に，心拍数が上がること」が再確認された．

大きさごとの心拍数の平均を**図4.17**に示す．この図で，ARでは球体が大きくなるにつれて徐々に心拍数が下がっているのに対し，VRでは大きさ1ではARとほぼ同じ程度の心拍数の差があるが，大きさ2，3，4は安静状態とほぼ同じ結果となった．ARについて，球体の大きさと安静状態との差分で負の相関（$r=-0.341$）があり，球体の大きさが大きくなるにつれて安静状態に近くなっていることがわかる．また，7段階評価アンケートの結果と心拍数の安静状態との差分で正の相関（$r=0.455$）があり，アンケートの評価が高いほど心拍数の安静状態との差分も大きくなることがわかった（**図4.18**）．このことから，ARの方がアンケート評価と心拍数の変化との関係性が強いと考えられる．

c. 追加実験

以上の実験結果から，小さいオブジェクトの方がかわいい評価が高いことがわかったため，最もかわいいと評価される大きさを調べる追加実験を行った．

オブジェクトの提示方法は上述（4.5.b項）の実験と同様にした．提示順はランダムとした．また，提示する大きさは**表4.11**の大きさ1を初期値とし，実験協力者に倍率（球体の視野角）を±0.1（0.23°）ずつ変更して最もかわいいと思う大きさにしてもらう方法（調整法）とした．

実験は，20代の男性4名，女性1名で行った．実験結果を**図4.19**に示す．実験協力者1については，他の実験協力者の結果と大きく離れていたため外れ値と

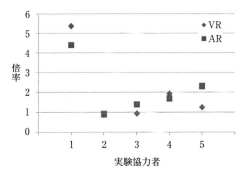

図4.19 大きさ1を基準とした，最もかわいいと思う大きさ

した．なお倍率は，表4.11の大きさ1を倍率1とすると，大きさ2は倍率2，大きさ3は倍率4，大きさ4は倍率8である．

VRとARは類似した結果となっており，最もかわいい大きさは倍率1〜2の付近に集中していることがわかる．図4.14，4.16より，最もかわいい大きさは大きさ1より小さくなる可能性が予想されたが，そのような傾向はなかった．つまり，小さすぎてもかわいくなるとは限らず，かわいいと思う小ささにも限度があることがわかった．

ただしこの実験では，実験協力者にオブジェクトを提示する際，初期値は大きさ1で行っていた．それによって結果が倍率1〜2の付近に集中した可能性がある．このことから，最初に提示する初期値の大きさを変えた実験を行う必要がある．

d. 考察とまとめ

本節では，かわいい大きさに対してVRとARの2種類の提示方法で評価実験を行い，さらに追加実験として，最もかわいいと思う大きさの調査も行った．VRとARでは，ARの方が「かわいい」に関する評価が明確になることがわかった．また心拍でも，提示オブジェクトの小さい方が心拍数が高くなり，VRよりARの方が心拍数の変化とアンケート結果との関係性が強かった．そこで，今後の実験においてARを用いる方が結果が明確になることが示唆された．

追加実験では，倍率1〜2の付近に最もかわいいと思う大きさのあることがわかり，かわいいと感じる小ささにも限度があることが示唆された．

4.6 かわいいオブジェクトの AR 提示と心拍

前節の結果から，オブジェクトの AR 提示が「かわいい」の程度の評価に適していることが明らかになったので，球体以外のオブジェクトも対象として実験を行った[88]．

a. 実験方法

前節の結果と比較するために，前節の実験で用いた球体に加え，「日常的に使うもの」として用意した5種類（図 4.20（a））から1種類，「かわいいと思うもの」として用意した5種類（図 4.20（b））から1種類を実験協力者に選んでもらい，実験で使用する．オブジェクトの AR 提示の順番は，男女それぞれ1から5まで番号をつけ，表 4.16 のようにした．3種類のオブジェクトに対し，「安静状態 30 秒の後，あるオブジェクトを 30 秒間見てもらう」を3回繰り返した．評価には，前節同様，心拍数（直前の安静状態との差分）を用いた．心拍の測定には，前節同様，マイクロ・メディカル・デバイス社製のワイヤレス生体センサー RF-ECG，その電極（メッツ社製ブルーセンサ M 00-S）および受信機と，生体信号計測用 PC を用いた．

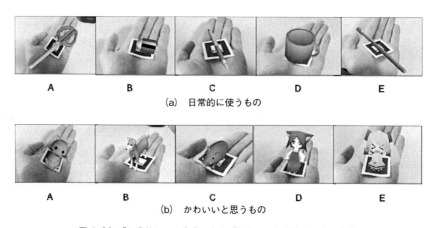

図 4.20 「日常的につかうもの」と「かわいいと思うもの」の候補

表 4.16 実験協力者ごとのオブジェクト提示順序

実験協力者	提示順序（左から）		
1	球体	日常	かわいい
2	かわいい	日常	球体
3	日常	球体	かわいい
4	球体	かわいい	日常
5	日常	かわいい	球体

b. 実験結果

実験協力者は，男女各5名，計10名とした．実験協力者が選択したオブジェクトについて**表 4.17**に示す．

オブジェクトごとの心拍数（直前の安静状態との差分）を，**表 4.18**と**図 4.21**に示す．これらの図表から，女性全員と大部分の男性は，「かわいいと思うもの」を見ている時は安静状態よりも心拍数が大きくなっているが，「日常的に使うもの」を見ている時の心拍数は安静状態とほぼ同じであったことがわかる．また球体を見ている時に関しては，男性のみが安静状態より大きくなっている傾向にあった．

表 4.17 各実験協力者の選択結果

被験者	日常	かわいい
女性1	D	A
女性2	A	C
女性3	B	A
女性4	D	E
女性5	A	A
男性1	E	E
男性2	A	E
男性3	A	D
男性4	C	E
男性5	E	E

表 4.18 各実験協力者のオブジェクトごとの心拍数（安静時との差分）

被験者	安静状態との差分		
	球体	日常	かわいい
女性1	1	−1	3
女性2	−2	−1	1
女性3	2	2	3
女性4	1	0	3
女性5	−1	1	1
男性1	−1	0	2
男性2	2	0	0
男性3	3	1	4
男性4	2	1	−2
男性5	1	−2	2
全体平均	0.8	0.1	1.7

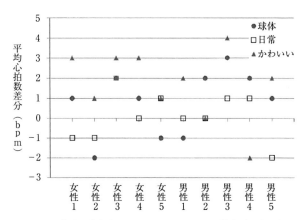

図 4.21 各実験協力者のオブジェクトごとの心拍数（直前の安静状態との差分）

c. 考察とまとめ

ここでは，前節で使用した球体に，新たに「日常的に使うもの」と「かわいいと思うもの」を追加して，3種類のオブジェクトを AR 提示して，心拍数を測定する実験を行った．実験協力者自身に，「日常的に使うもの」と「かわいいと思うもの」を選んでもらい，球体と比較した結果，「かわいいと思うもの」を見ている時に心拍数が上がり，「日常的に使うもの」を見ている時には心拍数が上がらないことがわかった．これらのことから，心拍数が上がった理由が，AR 提示という提示手段ではなく，AR 提示対象のオブジェクトを実験協力者自身が「かわいい」と思っているからであることが確認された．

なお，前節の実験に用いた球体に関しては，今回の実験では男性のみ心拍数が上がる傾向であり，その理由は今後の課題である．

4.7　わくわく系かわいいと癒し系かわいい

感性のモデルはいろいろ提案されているが，その代表的なものの1つにラッセルの円環モデル[89]がある．これは，図 4.22 に示すように，8種類の感情（arousal, excitement, pleasure, contentment, sleepiness, depression, misery, distress）を横軸 valence（pleasure-displeasure）と縦軸 arousal（arousal-sleep）の2次元平面上に配置したモデルであるが，このモ

4.7 わくわく系かわいいと癒し系かわいい

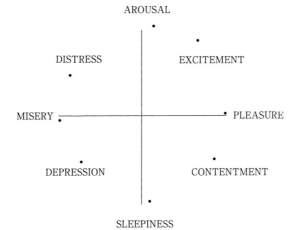

図 4.22 ラッセルの円環モデル(文献 [89] より作図)

デルに基づき,感性を valence と arousal の 2 変数で表すことも多い(例えば [90]).筆者らが行ってきた「わくわく感」の研究(例えば [61][63][64][70])は,valence も正,arousal も正である第 1 象限の範疇を対象にしてきたので,これまでは「かわいい」に対しても同じ範疇を対象として生体信号で計測する試みを続けてきた.

しかし,例えば第 3 章に記載したように,「かわいいテクスチャ」では「やわらかい」「ふわふわする」などの触感を想起する言葉で形容されるものがかわいいと評価され,「かわいい触感」では「モコモコ」「フサフサ」などのオノマトペで表現されるものがかわいいと評価されていた.これらは,valence が正(ポジティブ)であっても,arousal も正の「わくわく感」(excitement)とは異なり,むしろ arousal が負の「リラックス感」の方がふさわしいと考えられる.そこで筆者らは,「かわいい感」というポジティブな感性にも arousal または excitement なもの(図 4.22 の第 1 象限)と sleepiness または contentment なもの(図 4.22 の第 4 象限)があるのではないかと考え,前者を「わくわく系かわいい」,後者を「癒し系かわいい」と名づけ,それらの違いが心拍に与える影響を明らかにすることにした[91, 92].

a. 実験方法

提示する刺激には 2 次元画像を用い,実験協力者がインターネットなどから選

定した「ドキドキするかわいい画像」「癒されるかわいい画像」「興味がない画像」各1枚，計3枚の静止画とした．「ドキドキするかわいい画像」には主に人物や動物の写真，「癒されるかわいい画像」には主に動物の写真，「興味がない画像」には主に日用品や景色の写真が選ばれた．各画像は192×256ピクセルに編集した．刺激は，実験協力者の目の前に置いたノートPCの15.6インチスクリーン上に提示した．一面黒色の画像を提示し，30秒間安静状態（レスト）を保った後，画像の1種類を30秒間提示した（タスク）．これを同じ画像を用いて計5試行行い，計300秒間の心拍を測定した．以上をタスクごとに各1セット行った．各画像の提示時間は，提示開始から心拍数の変化が安定するまでの時間を考慮し，これの前の実験[88]よりも長く設定した．また，実験協力者が画像を選定してから心拍を測定するまでの間隔は，画像に対する印象が変わらない短い間隔として10〜15分ほどとした．

b. 実 験 結 果

20代の女子学生7名を対象に実験を行った．実験風景を図4.23に示す．

レストの後半15秒間の平均心拍数を基準とした時の，その直後のタスクの後半15秒間における心拍数を心拍数差分と称する．各実験協力者の各画像条件それぞれについて，心拍数差分の5試行分の平均値を求めた（以下，平均心拍数差分と称する）．「ドキドキするかわいい画像」「癒されるかわいい画像」「興味がない画

図4.23 実験風景

表 4.19 各実験協力者，各画像条件における平均心拍数差分

実験協力者	ドキドキ画像	癒し画像	興味ない画像
A	3.1	1.3	−3.6
B	2.2	3.6	−0.9
C	−1.0	−1.9	−2.7
D	0.7	0.3	1.6
E	1.7	1.6	0.6
F	4.0	−0.7	−0.8
G	2.2	1.3	−1.6
平均値	1.8	0.8	−1.1

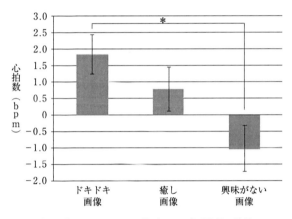

図 4.24 Bonferroni の補正による多重比較の結果

像」の 3 タスクにおいて，各実験協力者，各画像条件における平均心拍数差分を**表 4.19** に示す．これらをデータとして以下の統計的検定を行った．

各画像条件における心拍数の変化の差異を調べるため，平均心拍数差分について基準との差の検定を行った結果,「ドキドキするかわいい画像」で有意差があり ($p<0.05$),「癒されるかわいい画像」「興味がない画像」では有意差がなかった.

また，一元配置の分散分析の結果 $p=0.044$ となり，画像間で主効果があった ($p<0.05$). さらに，各画像の組み合せについて Bonferroni の補正による多重比較を行った結果を**図 4.24** に示す．これより,「ドキドキするかわいい画像」-「興味がない画像」間で有意差のあることがわかった ($p<0.05$).

c. 考察とまとめ

「ドキドキするかわいい画像」「癒されるかわいい画像」「興味がない画像」の3種類の画像を実験協力者に見てもらい，その前の安静状態および見ている際の心拍を測定した結果，一元配置の分散分析により画像間で心拍数差分に主効果があったことから，提示する画像によって心拍数が変化する可能性が示唆された．また，「ドキドキするかわいい画像」提示時では，差の検定の結果，安静状態と比較して有意差があり，レスト状態よりもタスク状態の方が，心拍数が有意に上昇していることがわかった．さらに，多重比較において「ドキドキするかわいい画像」－「興味ない画像」間で有意差があり，興味がない画像よりもドキドキする画像を見たときの方が，心拍数が有意に上昇することがわかった．これは，先行研究[88]で明らかになった「かわいい画像を見た時に心拍数が上昇する傾向」を反映しているといえる．

しかし，「癒されるかわいい画像」では差の検定の結果で安静状態との有意差がなく，多重比較においても「癒されるかわいい画像」－「興味ない画像」間でも有意差がなかった．これは，「癒されるかわいい画像」を見ることによるリラックス効果により心拍数の上昇が抑えられていると考えられる[65]．

以上より，同じ「かわいい」と感じる画像でも，「ドキドキする」画像か「癒される」画像かによって，心拍の反応に差が生じることがわかった．すなわち，「かわいい感」には「わくわく系かわいい」と「癒し系かわいい」の2種類あり，それらは心拍で区別できることが明らかになった．

おわりに

本章では，まず感性の計測に心拍や脳波などの生体信号を利用する利点について説明し，各生体信号とそれから算出される生理指標について紹介した．その後，わくわく感の計測の事例を紹介した．次いで，かわいい色や大きさと生体信号の関係に関する実験の事例や，かわいいオブジェクトのAR提示と心拍の関係に関する実験の事例を紹介し，最後に「わくわく系かわいい」と「癒し系かわいい」という「かわいい感」の分類と心拍との関係に関する実験の事例を紹介した．その主な結果は以下の通りである．

①生体信号の利用は，アンケートなどの主観的な指標のデメリットを補完する有効な手段であり，物理量で客観的に測定できるなどのメリットがある．

②生体信号には，皮膚電気活動，心拍，呼吸，脳波，眼球運動などがあり，そ

れらから種々の生理指標が算出できる．

　③筆者らは，これまで種々の生理指標を「わくわく感」の計測・評価に利用してきたが，かわいい色やかわいい大きさに関して実験を行った結果，提示対象を「かわいい」と評価した場合は心拍数が大きくなった．

　④かわいい大きさに関する詳細な実験の結果，大きさはある程度まで小さい方がかわいいと評価された．また，VR提示と比べてAR提示の方が「かわいい感」のアンケート評価と心拍数との関係性が強かった．

　⑤球体と「日常的に使うもの」と「かわいいと思うもの」をAR提示した結果，「かわいいと思うもの」を見ている時に心拍数が上がった．

　⑥「ドキドキするかわいい画像」「癒されるかわいい画像」「興味がない画像」の3種類の画像を見てもらい，「ドキドキするかわいい画像」のみ心拍数が上がることがわかった．すなわち，「かわいい感」は「わくわく系かわいい」と「癒し系かわいい」に分類され，前者のみが心拍数の上昇に関係した．

コラム [4章]

心理学からみた「かわいい」

【入戸野 宏】

　「キモかわいい」という言葉を聞いたことがあるだろう．「キモい（気持ち悪い）」と「かわいい」がくっついた言葉である．「ブサイク（不細工）」と「かわいい」がくっついた「ブサかわいい」という表現もある．このように，何でもありの「かわいい」という言葉を説明するために，筆者は，「かわいい」を感情として捉える心理学モデルを提唱した[1, 2]．

　「かわいい」の心理学は，今から70年以上前に，コンラート・ローレンツの「ベビースキーマ（kindchenschema）」という概念から始まった[3]．動物行動学者のローレンツは，身体に比べて大きな頭，前に突きだした広い額，顔の中心よりも下側にある大きな目といった特徴を人間は本能的にかわいいと感じ，対象を保護したり養育したりする行動が引き起こされると述べた．この概念は，生物にはそれぞれ特定の行動を引き起こす

図C4.1　育児欲求反応を引き起こすとローレンツが考えた刺激（文献[2] p.276）
左のイラストにはベビースキーマの特徴が含まれ，「かわいい」と感じられる．

鍵となる刺激があるというローレンツの理論を説明する例として紹介されたものである（図C4.1）．

しかし，今日の日本では，「かわいい」という言葉をベビースキーマと関連しないものやファッションなどに使うこともある．また，誰もが同じものをかわいいと感じるわけではない．このような現象はどう説明したらいいのだろうか．

さまざまな対象の幼さとかわいさを調べた筆者らの調査から，幼さとかわいさの間にある相関関係は中程度であることがわかった．幼いものはかわいいと感じられやすい．その一方で，幼さが低くてもかわいさが高い対象（例えば「笑顔」）も存在する．笑顔は，男女を通じて，最もかわいさの得点が高かった．さらに，さまざまなかわいい対象に接する場面をイメージし，その時の心理状態を評定してもらう研究も行った．その結果，かわいいという気持を共通して説明するのは，「保護したい」「助けたい」といった気持ではなく，「近づきたい」「そばに置いておきたい」という気持だとわかった．後者のような，対象に接近したいという気持（接近動機・接近欲求）が「かわいい」という感情の1つの核であると考えられる．これに関連して，かわいい写真ほど長い時間見つめられるという知見もある．

また，かわいいものを見ると，口角を上げる大頬骨筋の活動が高まり，笑顔になる．先ほど紹介した調査では，笑顔はかわいいと評価された．かわいいと感じると笑顔になり，笑顔はかわいいと感じられる．この興味深い相互関係は，「かわいい」が社会的な場面で増幅される感情であることを示唆している．筆者はこれを「かわいいスパイラル」と名づけた．

これまでの知見を総合すると，「かわいい」は，対象に緊張や脅威を感じず，社会的な接近動機づけを伴うポジティブな感情状態として捉えることができる．ベビースキーマに関連したものに限らず，そういった状態を引き起こす対象を包括的に「かわいい」と呼ぶようになったのだろう．冒頭で述べた「キモい」と「キモかわいい」の違いもこれで説明できる．「キモい」というのは，単に否定的な表現である．一方，「キモかわいい」は，「キモいと言われるけれど，私は興味もあるし，ちょっと見てみたい」という気持ちを表している．「○○かわいい」という表現は，対象についての自分の肯定的な態度を表すものであるから，正解がない．だから，「かわいい」は何でもありになるし，ネガティブな表現を緩和する言葉として，日常生活でひんぱんに使われるのであろう．

このように，「かわいい」を感情として捉えると，さまざまな現象が説明できる．しかし，それだけでは，なぜ日本において「かわいい文化」がこれほど栄えたのかを説明でききない．日本人には，「甘え」（他者の愛情や受容を得ようとする行動や動機）や「縮み志向」（手で触れることのできる小さなものに愛着を持つ傾向）といった特性が強いといわれている．このような伝統によって，日本では「感情としてのかわいい」が社会的に許容され，注目されるようになったと筆者は考えている．

近年，心理学や神経科学の分野において，「かわいい」の研究が再び盛んになってきた[4]．幼いかわいさ（cuteness）についての研究が中心であるが，ベビースキーマ説を

超えようとする動きが徐々に現れている．たとえば，シェアマンとハイトは，かわいいものを見ると，対象の心の状態を推測しようとするメンタライジング（mentalizing）の働きが促進され，思いやりのある行動傾向が生じると提案した[5]．このような変化は，相手を自分たちの仲間と認めることにつながるという．また，ネンコフとスコットは，海外の研究では初めて，幼い以外のかわいさを取り上げた実験を行った[6]．彼女らが「面白かわいい（whimsically cute）」と呼んだもの（奇抜なキャラクタやポップなデザイン）は，楽しさの感情を伴い，自分に甘い行動（たとえば，試食のアイスクリームをより多く食べるなど）を引き起こす．反対に，ベビースキーマに関連したかわいさは，慎重で自制的な行動を引き起こすと主張している．

「かわいい」は"cuteness"よりも広く，自分と対象との関係から生じる感情を中心とした概念であると考えることができる．今後，「かわいい」の研究は，人文社会科学だけでなく，工学や情報科学も含めて，学際的に発展していくだろう．

参考文献

[1] 入戸野 宏："かわいい"に対する行動科学的アプローチ．広島大学大学院総合科学研究科紀要I人間科学研究，4：19-35，2009．
[2] H. Nittono：The two-layer model of "kawaii"：A behavioural science framework for understanding kawaii and cuteness. *East Asian Journal of Popular Culture*, **2**：79-95, 2016.
[3] K. Lorenz：Die angeborenen Formen möglicher Erfahrung. *Zeitschrift für Tierpsychologie*, **5**：235-409, 1943.
[4] M. L. Kringelbach, E. A. Stark, C. Alexander, M. H. Bornstein, A. Stein：On cuteness：Unlocking the parental brain and beyond. *Trends in Cognitive Sciences*, **20**：545-558, 2016.
[5] G. D. Sherman, J. Haidt：Cuteness and disgust：The humanizing and dehumanizing effects of emotion. *Emotion Review*, **3**：245-251, 2011.
[6] G. Y. Nenkov, M. L. Scott："So cute I could eat it up"：Priming effects of cute products on indulgent consumption. *Journal of Consumer Research*, **41**：326-341, 2014.

5

かわいい工学研究の応用

5.1 かわいいスプーンで食欲アップ

　福祉施設などで，食欲のない高齢者にも一定量の食事をしてもらうことは，健康維持のために重要なことである．そこで，食事の際にかわいいスプーンを使うことで食が進むきっかけにならないかと考え，まずはかわいいスプーンを高齢者に見てもらい，その際の精神状態の変化を生体信号で検出する実験をした．ここでは，その実験について紹介する[93]．
　前章までで述べてきたように，筆者らは，人工物の付加価値として「かわいい」という感性価値に着目し，その物理的属性を系統的に解析する研究を行ってきた．ここで「かわいい」という主観の評価には，「落ち着いた」「楽しい」などの感性語の主観評価と同様に，評定尺度法のアンケートを用いていた．さらに，空間やインタラクティブシステムから人が感じるわくわく感に対して，より客観的と考えられる生体信号を利用して把握する試みも行っており，かわいい感と生体信号（心拍，脳波）との関係についても研究成果を得てきた．一方，新潟県燕市にある青芳製作所の秋元幸平氏は，手の不自由な方でも使いやすいスプーンなど，福祉用食器を製造販売してきた．
　例えばデイケアセンターなどの福祉施設で，食欲のないお年寄りにも一定量の食事をしてもらうことは，本人の健康維持のために重要なことである．そこで，そのようなお年寄りがかわいいスプーンで食事をすれば，そのスプーンを見ることで食が進むきっかけになるのではないかと考え，その第1段階として，かわいいスプーンを試作して高齢者に見てもらい，その精神的影響を生体信号で測定する実験をした．ここではその結果について述べる．

a. 実　　験

実験に使用したスプーンは，いずれも青芳製作所製で，以下の 4 種類である．ここで（A）〜（C）のかわいいスプーンは，いずれも普通のスプーンをネイリストにかわいくなるよう華飾してもらったオリジナルである（**図 5.1**，**口絵 8**）．

 (1) 普通のスプーン（P）
 (2) グレー地にラメ入りのかわいいスプーン（A）
 (3) 赤ルビー色の石のついたかわいいスプーン（B）
 (4) ピンクのリボンのついたかわいいスプーン（C）

実験は，2013 年 1 月 17 日に実施した．新潟県のある高齢者施設の通所者の中で，事前の説明内容を理解した上で当日来所した 6 名の女性高齢者に調査協力の同意を得て実施した．6 名の年齢は 75 歳から 80 歳であった．実験手順は以下のとおりであった．

①事前に，「かわいいスプーンを見てアンケートに回答してもらい，その際に心拍と脳波を測定する」旨を書面で説明する．

②おかゆを食べる場面を想定し，1 人ずつ，おかゆの入ったお椀の置いてあるテーブルの前の椅子に座ってもらう．その際に，「これからこのおかゆをスプーンで食べる場面を想像してもらい，4 種類のスプーンを順番にお見せします．最初は普通のスプーン，その後 3 種類のかわいいスプーンを見てもらいます」と口頭で説明する．

③心拍計と脳波計のセンサーを装着してもらい，計測状態を確認する．

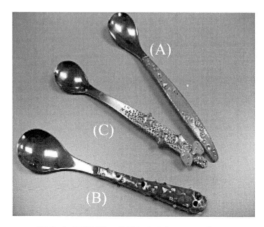

図 5.1（口絵 8）　使用したかわいいスプーン

④開始の合図から40秒後に，お椀の手前に普通のスプーン（P）をお盆に載せた状態で出し，見てもらう．その際に，「このスプーンを見て下さい」と言う．

⑤その20秒後に，お盆の上（普通のスプーン（P）の左横）にかわいいスプーン（A）を置いて，見てもらう．その際に，「次のスプーンになります」と言う．

⑥その20秒後に，お盆の上（かわいいスプーン（A）の左横）にかわいいスプーン（B）を置いて，見てもらう．その際に，「次のスプーンになります」と言う．

⑦その20秒後に，お盆の上（かわいいスプーン（B）の左横）にかわいいスプーン（C）を置いて，見てもらう．その際に，「次のスプーンになります」と言う．

⑧20秒見てもらった後に，各スプーンの印象について口頭でアンケートをとる．口頭アンケートでは，「一番気に入ったスプーンはどれでしたか？」「それはどうしてですか？」と尋ね，さらにそれ以外のスプーンそれぞれについても，見た目や持った感じの印象などを聞く．

⑤～⑦のかわいいスプーンを見せる順番は，(A)(B)(C)（実験協力者1, 3, 5）と(C)(B)(A)（実験協力者2, 4, 6）の2通りとし，カウンターバランスをとった．なお，見せる順番がスプーン(A)(B)(C)の3種類でバランスがとれていないのは，実験開始時に人数が確定していなかったことと，実験計画を複雑にして順番を間違えるリスクを回避したことによる．④から⑦の間の約3分間，実験協力者の心拍と脳波を測定した．なお，心拍の測定には4.5節，4.6節と同じマイクロ・メディカル・デバイス社製のワイヤレス生体センサーRF-ECGとその電極を用いた．また，同時に測定した脳波に関しては，今回明確な結果が得られなかったので，結果の記載を省略する．

さらに実験終了後に，改めて全員に一堂に会してもらい，今回見てもらったスプーンについての印象を雑談の形で自由に話してもらった．

b. 実験結果と考察

口頭アンケートの結果，一番使いたいスプーンは，全員が「かわいいスプーン(A)」と回答した．理由は，「スマート」「飽きがこない」「ごちゃごちゃしていない」などであった．一方かわいいスプーン(C)には，「小学生の孫に使わせたい」という声が4名から出され，また「リボンがかわいい」などの声もあった．

実験終了後の雑談は，取得した心拍数などについて実験者からは何も説明しな

い状態で実施された．雑談では，「(A) をギフトに使いたい」という意見が出た一方，「高齢者である自分が使うには (A) だが，好きなのは (C) だった」という者が2名現れた．また，「自分は赤が好きだ」という理由などから「好きなのは (B)」という者も2名現れた．

スプーンを見ている20秒間の平均心拍数を算出した．ただしここでは，第4章における算出方法とは異なり，拍動（R 波）が起こるごとにその直前の拍動との時間間隔（RRI）から算出した1分あたりの心拍数をその時点での瞬時心拍数とし，20秒間に算出された瞬時心拍数を単純平均するという簡便な算出方法を用いた．平均心拍数を**表5.1**に，それぞれの平均心拍数の普通のスプーン（P）との差分を**図5.2**に示す．以上の結果から，以下を得た．

- いずれの実験協力者も，見ているスプーンにより平均心拍数が上がったり下がったりしていた．
- 実験協力者1～3は，普通のスプーン（P）より (A)(B)(C) を見ている時の方が平均心拍数が高かった．また実験協力者4～6は，必ずしもかわいいスプーンを見ている時の方が平均心拍数が高い訳ではなかったものの，最も平均心拍数の高いのは (B) または (C) を見ている時であった．
- (A) を見ている時の平均心拍数が最も高かった者はいなかった．
- (C) を見ている時の平均心拍数が最も高かった2と4の実験協力者は，いずれも，雑談の中で「好きなのは (C) だった」と発言していた．

表5.1 平均心拍数（BPM）

実験協力者	(P)	(A)	(B)	(C)
1	77.5	78.9	80.1	78.0
2	70.6	73.0	72.3	80.4
3	75.0	75.9	76.4	75.6
4	79.1	78.2	77.6	79.6
5	96.9	94.4	98.1	94.6
6	75.4	73.6	75.8	75.5

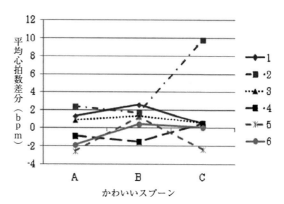

図5.2 各実験協力者の普通のスプーン（P）を見ている時との平均心拍数の差分

ただし，実験協力者ごとの平均心拍数の差が大きく，また好きなスプーンも異なっていたことから，全体として統計的に有意な結果は得られなかった．実験協力者ごとの Sceheffe 法による一対比較では，以下に 1％または 5％の有意差があった．
- 実験協力者 2 のスプーン（C）とそれ以外の間
- 実験協力者 3 のスプーン（P）とスプーン（B）の間
- 実験協力者 6 のスプーン（A）とそれ以外の間

すでに第 4 章で述べたように，従来，心拍数の増加に対する精神的要因は緊張やストレスと考えられてきたが，筆者らの研究により，それ以外でも，例えばわくわくするような心がときめく状態でも心拍数が増加する可能性が示唆された．さらにかわいい色や大きさの実験においても，実験協力者が「かわいい」と評価した場合と「かわいくない」と評価した場合を比較すると，前者では心拍数の安静時との差分の平均値が有意に大きく，後者では有意差がなかった．今回の実験では，これまでの研究のような「実験協力者に関しての平均値」でなく，実験協力者それぞれについて，特定のスプーンを見ている時の心拍数の上昇が，実験中の心拍数のモニタリングにおいて目視で確認された．平均心拍数が，スプーンを見て気に入った場合の心のときめきを示すと考えると，調査時の口頭アンケートと平均心拍数の結果には齟齬があり，平均心拍数の結果は，むしろ最後の雑談の中で出てきた本音に近いことがわかる．また，半数の実験協力者は普通のスプーン（P）よりかわいいスプーン（A）（B）（C）を見ている時の方が平均心拍数が高く，またいずれの実験協力者もかわいいスプーン（B）または（C）を見ている時に最も平均心拍数が高くなっていた．このことから，平均心拍数は，かわいいスプーンを見ている時の実験協力者の心のときめきを示しているのではないかと推測される．また，今回のいずれの実験協力者もかわいいスプーンで心がときめいたことは，かわいいものに対する感度が高いと言われる若い女性以外の高齢者あるいは自分で食事ができない要介護者でも，食事をする際に自分のお気に入りのかわいいスプーンを使うことで，心がときめく可能性を示唆していると考えられる．

なお，スプーン（P）を見ている時の平均心拍数がかわいいスプーンを見ている時の平均心拍数より大きかった場合（図 5.2 でかわいいスプーンを見ている時の値が負の場合）については，各実験協力者が必ずスプーン（P）を初めに見ていることから，この時が実験を開始した直後で緊張して心拍数が高くなっていた

可能性もあるが，その検証は今後の課題である．

c．まとめ

かわいいスプーンが，食の進まないお年寄りに食事をする意欲を持ってもらうきっかけとなることを期待して，まずはかわいいスプーンを健常な高齢者に見てもらい，その精神的な影響を生体信号で検出する試みを行った．6名の女性後期高齢者を実験協力者として実験を実施した結果，雑談での「本当に好きなスプーン」と平均心拍数とに関係性が確認され，かわいいスプーンを見ることで心がときめく可能性が示唆された．

なお今回の実験では，使用した4種類のスプーンの大きさや形状がまちまちであり，「口に入れる部分の大きさ」や「柄のカーブ」など，華飾以外の要素が印象に混入してしまった可能性や，実験協力者が女性のみであったことなど，いくつかの問題点があった．今後さらに統制した条件で実験を行うことで，さらに定量的な結果が得られるものと期待される．

またこの実験の様子は，2013年2月11日にNHKの「"カワイイ"に賭ける男たち」という番組で放映され，それを見た高齢者施設の方が実際にかわいいスプーンを使用してみたところ，食欲のなかったお年寄りの食欲が増したという報告も頂いている．

さらにその後，多数のかわいいスプーンの候補を製作して高齢者施設で同様の実験を実施した結果，上述したような心拍数に関する実験結果は得られなかった．しかし，そのかわいいスプーンの候補を20代男女に評価してもらったところ，どれも普通のスプーンと比べてかわいくないというアンケート結果（平均値の比較）が得られた．このことから，単に華飾しただけのスプーンでは心拍数が上がることは期待できず，そのスプーンが「かわいい」ことが肝要であると言える．特に対象者本人が「かわいい」と評価していることの重要性は，4.3，4.4，4.6，4.7節で述べた通りである．

5.2 「かわいい」で駆動する自動シャッターカメラへの試み

写真は人々の感情と強く結びついている．したがって，感情で駆動するデジタルカメラは未来の写真撮影手段の1つの自然な帰結であると考えられる．そのような感情駆動デジタルカメラは，ユーザが何か特定の感情を感じた時に，そのシ

ーンを記録するだろう．感情駆動デジタルカメラを実現する上でキーとなる要素は，いかに生体信号から感情を検出するかである．そのための生体信号には色々な種類が考えられるが，脳の活動を直接捉えようとする点で，脳波が注目されている[94]．

実験室環境における脳波を用いた感情検出については，多くの研究がある[95-97]．しかし，そのような方法論は一般的な環境に適用するのは難しいと考えられる．なぜなら，一般的な環境では刺激のキュー（開始の手がかり）を検出するのが難しいからである．脳波のERP（事象関連電位）[65]を計測する際には，刺激が与えられた時間を正確に知る必要があるため，何らかのキューを用いるのが一般的であるが，実世界でそのようなキューを用いるのは困難である．そのため，筆者らはデジタル一眼レフカメラの一般的な構造をもとにしたキュー検出機構を提案する[98, 99]．それは，近接センサつきのビューファインダー，シーンの変化を検出する画像処理モジュール，およびEEGヘッドセットからなっている．この機構により，実験室環境と同様の環境を再現することができ，かつ，一般的なデジタルカメラとしても自然な構成となっている．

なおこの感情駆動デジタルカメラは，BCI（brain computer interface）のアプリケーションという観点から捉えると，オッドボールや，運動想起，SSVEPといった従来のパラダイム[65]と比べると，「感情」に注目している点が，より先進的と言える．

a. 脳波による「かわいい感」の検出

感情駆動デジタルカメラの実現可能性を調査するために，筆者らは「かわいい」写真と「興味のない」写真を提示された時の実験協力者の脳波を測定した．「かわいい」は，写真を撮る時の典型的な感情の1つであり，前章で述べたように，「かわいい感」は心拍や脳波で統計的に判別することができる可能性があるので，ここでは心拍より反応速度の速い脳波での検出可能性を見込んだ．

図5.3は，実験室における典型的な脳波計測の構成である．実験協力者には，PCのディスプレイ上に提示した写真刺激を見てもらう．その際，眼球の動きによるノイズの発生を抑えるために，ディスプレイの中心を見つめるように指示する．脳波計からの電極を頭皮に装着し，PCは脳波と刺激を提示した正確な時刻を記録する．

図5.4は，前述のような実験環境において，実験協力者に「かわいい」写真と

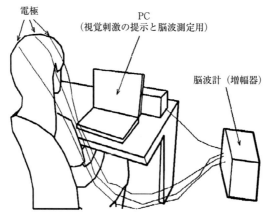

図 5.3 実験室における ERP 計測

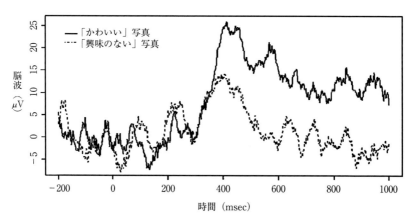

図 5.4 「かわいい」写真と「興味のない」写真に対する脳波
縦軸は複数の試行の信号強度の平均（μV），$t=0$ は刺激が与えられた時間を表す．

「興味のない」写真を見せた時の典型的な ERP の例で，実線と破線はそれぞれ「かわいい」写真提示時の ERP の平均，「興味のない」写真提示時の ERP の平均である．図より，脳波を用いれば「かわいい」と「興味のない」という感情を区別できる可能性が示唆される．この時の脳波についての包括的な実験による分析は，参考文献 [100] を参照されたい．

b. システム設計

　脳波を用いて特定の感情を検出できるということを前提として，筆者らは特定の感情をトリガーとしてシャッターを制御する感情駆動デジタルカメラのシステム設計を提案した．図 5.5 は，一眼レフカメラの構造に基づく設計である．被写体が出現/変化した瞬間を知り，かつ，ユーザが実際にその被写体を見ていることを確認するために，サブイメージセンサによりプリズムを通して撮像された画像の中に変化を検出し，近接センサによりユーザが確かに眼をビューファインダーに接触させているかどうかを認識する．両方の条件が真になった瞬間を，実験室におけるキューと同じように用いることができる．続いて，感情検出器がそのキューから一定時間計測された脳波から特定の感情を識別する．もし，特定の感情（例えば「かわいい」）が認識された場合には，感情検出器はシャッターリリースの指示をカメラコントローラに送る．

　一眼レフカメラの構造は，次の理由で感情駆動カメラに適していると考えられる．

　①ビューファインダーはユーザが被写体に集中できる環境を作る．脳波は容易に周囲の状況から撹乱を受けるので，これは重要である．

　②ユーザが眼をビューファインダーに接触させるので，ユーザが実際に被写体を見ているかどうかを検出しやすい．

　③電極をカメラに内蔵させてユーザの額に接触させるような構成のデジタルカメラを作ることは可能である．

　④一眼レフカメラは通常，露出を測るためにサブイメージセンサを持っていて，

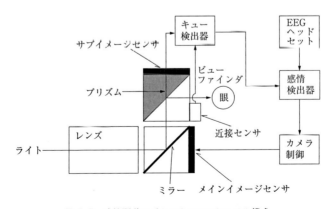

図 5.5　感情駆動デジタルカメラのシステム構成

このサブイメージセンサを用いると被写体の出現や変化を検出することが可能である．

c. プロトタイプの製作

筆者らは，脳波によるシャッター制御の基本的な動作を確認するためのプロトタイプを構築した．プロトタイプは，EEGヘッドセット（Emotiv社製EPOCヘッドセット），デジタルカメラ（Nikon社製D7000），PCから構成される．このレベルの試作では，感情の代わりにユーザの運動想起（例：何かを押す）を検出するためにEPOCのcognitiv suiteを使用し，それをカメラ制御プログラムと接続させた．つまり，現在のプロトタイプはキュー検出器や感情検出器を含んでいない．cognitiv suiteがユーザの「押したい」という意思を検出すると，PCがシャッターリリースコマンドをデジタルカメラに送り，デジタルカメラは被写体を撮影する（**図5.6**）．

d. 今後の課題

筆者らは感情駆動デジタルカメラの現実的なデザインを提案した．現在のプロトタイプは非常に初期のステージにあり，感情駆動カメラの本質的な部分を実現するためには，感情検出アルゴリズムの確立とキュー検出器の開発が必要である．なお類似の試みとして，気になるシーンを記録するウェアラブルカメラ（neurowearのneurocam）[101]もある．

図5.6 プロトタイプ

5.3 かわいい色に基づく評価者のクラスター分類

ここでは，筆者らの行った研究ではないが，清澤の研究を紹介する[102]．

清澤は，「かわいい色と言えばピンク」という固定概念に疑問を呈し，「かわいい色」の定量的な把握とそのクラスタリングを行った．具体的には，女性を対象としたアンケート調査を行い，「かわいい色」について定量的に探るとともに，「かわいいと感じる色」を切り口にして調査対象者をクラスタリングし，「かわいい色」のバリエーションの顕在化と分類したそれぞれのタイプの嗜好性や「かわいい」の世界観，かわいい志向の強さなどを明らかにすることを目的としている．

なお，「かわいい色」については筆者らの研究を第3章に記載しているが，清澤の研究は，より幅広い色相を採用し，また単色のみならず配色も扱い，さらに調査対象者数も多いことから，「かわいい色」の定量化とそれに基づく調査対象者のクラスタリングを可能にしている．

a. 調査

調査は，2012年2月に実施され，対象は首都圏と京阪神地区の18歳以上の学生，20代，30代の女性各120名，計360名であった．調査に用いるビジュアル試料や設問項目の選定には，㈱日本カラーデザイン研究所のイメージスケール（カラーイメージスケール）を利用している．嗜好判定用のビジュアル試料には，48色の単色と30パターンの配色を用い，単色については「かわいいと感じる色」「好きな色」「携帯電話として使いたい色」，配色については「好きなイメージのもの」をどちらも複数回答形式で回答を得ている．さらに嗜好性やかわいい観を探るため，60ワードの「好きなイメージ」，40タイプの「どのような人と言われるとうれしいか」，24タイプの「共感できるかわいさ」についても複数回答形式で回答を得ている．

b. 分析結果

調査データに対して，クロス集計，数量化Ⅲ類，クラスター分析などを行い，以下の結果を得ている．

①女性がかわいいと感じる色は，全体でベビーピンク，ピンク，コーラルが50%を超え，特にベビーピンクが最もかわいいと評価された．

②「かわいいと感じる色」に対して，調査対象者から6タイプのクラスターが抽出された．これにより「かわいい色」にもバリエーションがあることが明らかになった．またクラスターごとに「トーン」や「色相」など，かわいさのポイントになっている要素が異なることも明らかになった．さらにクラスターごとにかわいい観も異なり，嗜好イメージや選択する商品色にも違いがあることがわかった．

- #1：全体の4割を占める．30代が多い．明るいトーンのソフトでロマンチックなカラーをかわいいと感じる．
- #2：全体の22%を占める．学生が多い．やや明度が低いトーンのプリティでポップなカラーをかわいいと感じる．共感できるかわいさの選択数が多い．かわいい人と言われたい傾向が強く，かわいいに対して感度が高い．
- #3：全体の11%を占める．比較的彩度の高いピンク系バリエーションのウォームカラーをかわいいと感じる．
- #4：全体の11%を占める．健康的でカジュアルなビタミンカラーをかわいいと感じる．共感できるかわいさの選択数が少ない．「かわいい」への関心は低い．
- #5：全体の4%を占める．30代が多い．グレイッシュでレトロ，クラシックな印象のカラーをかわいいと感じる．
- #6：全体の11%を占める．プリティな印象のピンク，ベビーピンクをかわいいと感じる．

③「共感できるかわいさ」の選択数が多いほどかわいい志向が強いという傾向がある可能性もわかった．

c. 今後の課題

この調査は，「かわいい」への感度が高く，「かわいい」感性を肯定的に受け入れていると思われる学生から30代の女性を対象として行われた．年代と性別が限定された中でも多様なバリエーションがあったことは，「かわいい」商品を開発する上での重要な知見であると考えられるが，さらに幅広い年代や男性への展開は，今後の課題となっている．詳細は，文献［102］を参照されたい．

おわりに

本章では，かわいい工学研究の応用の可能性について紹介した．

第1節では，かわいいスプーンが食の進まないお年寄りに食事をする意欲を持ってもらうきっかけとなることを期待して，健常な高齢女性にかわいいスプーンを見てもらい，本人が好きなスプーンと心拍数との関係性を確認した．言葉や表情から本人の意志が確認できない高齢者であっても，スプーンを見てもらった時の心拍数を測定することで，お気に入りの心がときめくスプーンを特定することができ，それを使用することが食欲増進のきっかけになりうる．

第2節では，撮影者が「かわいい！」と感じた瞬間に自動的にシャッターがきれるカメラを目指す，感情検出に脳波を用いる感情駆動デジタルカメラのシステム設計を紹介した．現在のプロトタイプにはまだ解決すべき課題が残っているが，現在研究は継続中であり，近い将来に実現するものと考えられる．さらにデジタルカメラのシャッター駆動以外にも，感情駆動インタフェースには種々の応用の可能性がある．

第3節では，「かわいいと感じる色」をキーにした評価者のクラスター分類とその嗜好特性について，清澤の研究を紹介した．学生から30代までの360名の女性から6種類のクラスターが抽出され，それぞれのクラスターで，「かわいいと感じる色」が異なり，それは，「かわいさのポイントとなっている要素」や「かわいい観」や「嗜好イメージ」や「選択する商品色」の違いにもつながっていた．色は，形や大きさと比較して，商品開発において制御しやすい要素であると考えられるが，本研究から導出された結果は，「とりあえずピンク色にする」といった，若い女性をターゲットとする商品開発における安易かつ画一的な「かわいい」戦略が，残念な結果に終わる可能性を示している．逆に本研究は，第1章で紹介した坂井らのエモーショナル・プログラム[18]に対して，要素を色，ターゲットを若い女性に限定したバージョンとも位置づけられ，エモーショナル・プログラムと同様の多種多様な商品開発における感性価値付加のヒントとなっている．

コラム [5章1]

「kawaii」をキーワードにしたグローバルPBL

【橘田規子】

　最近の，若い人々の製品に対する「kawaii」感覚はどのようなものなのか，海外の若者との差はあるのだろうか，とても興味深いところである．この疑問の答えの1つとして，芝浦工業大学デザイン工学部が行った「kawaii」をテーマにしたグローバルPBL（プロジェクトベースドラーニング）を紹介する．

a. グローバルPBL

　このグローバルPBLは2016年8月にタイKMUTT大学と芝浦工大の学生が7日間かけてデザインワークショップを行うというものである．参加する学生は両校とも，プロダクトデザイン系の学生，目標はかわいいデザインの提案である．指導教員（筆者）が産学連携や業務で関わりのある5つの企業に依頼し，企業側からは，「かわいい」に取り組んでほしい商品アイテムを出していただいた．グループは5つで，タイの学生と日本の学生の混成チームである．学年は2～4年生．1グループには6～7人の構成で半数がタイの学生となっている．以下は各メーカーからの課題である．

　Aは飲料の企業である．この企業はビール製品のシェアが高く，男性的なイメージである．若者のお酒離れが進んでいる中，企業としてはお酒に興味を持ってもらうための方策を模索している．今回の声掛けによって，焼酎とウイスキーのかわいいデザインの提案を課題として出していただいた．焼酎とウイスキーは若者離れが懸念される商品である．

　Bのメーカーは樹脂の生活用品の企業である．ごみ箱についてヒット製品の実績がある．現在，多くの企業からさまざまな種類のゴミ箱が発売され，新たな方向性を模索中である．近年，シンプルな形状のゴミ箱が増加し売り上げを伸ばしている中，あえて，「かわいい」というテーマで新しい分野を切り開くことを試みる．

　Cは浄水器一体水栓の企業である．浄水器一体水栓シェアとしては80％を確保して，安定的な業績を確保している．今後の製品展開において，若者の感性を取り入れたいと考えている．水栓のかわいいデザインは，なかなか取り組まれていないテーマであり，興味深い課題である．

　Dはオフィス家具の企業である．このメーカーは業界中でシェアが高く，シンプルですっきりとしたデザインで定評がある．近年，学校関係を中心とした市場のデザインに取り組みつつあり，今回のテーマに興味を持っていただいた．課題は学校向け家具のかわいいデザインである．

　Eは光学系計測機器の企業である．日本の大手企業のほとんどに使われている計測機器で，精度が高く信頼性のある会社である．しかしながら，同様の大手企業に比べると

シェアが低く，何らかの方策を模索している．近年，企業の研究所関係には女性の研究員が増えている中，デザイン的に好まれているか気になっている．今回のワークショップで何かヒントになるものがあれば，と興味を持っていただいた．

b. デザインワークのステップ

このデザインワークのステップを説明する．共通言語として英語を使用するが，デザインワークにおいては絵や図で会話も可能である．今回は，学生の自由な発想のために，コストの点は考慮しないでよいとした（図C5.1）．

1日目　課題製品の調査：同じ製品分野でどのようなものがあるか調査を行う（図①）．
- インターネットによって業界のデザイン傾向を調査する．メーカー，画像検索など．
- フィールド調査先の決定
  ▲課題の製品について実際に見て観察できる場所
  ▲課題とは別の都内の「かわいい」に関する場所（異分野からの「かわいい」の取り込み）

2日目　フィールド調査（1日目に決めた場所に赴く）（図②）
- 課題の製品について実際に見て観察する．
- 課題とは別に都内のかわいい製品や場所を見てくる．

3日目　フィールド調査のまとめ（図③）
- 課題の製品，および分野外のかわいい製品について画像を集め市場マップを製作し傾向を探る．かわいいとはどのようなことか，話し合う．
- この製品分野のかわいい要素の抽出
- 抽出したかわいい要素について，自社製品とフィールド調査で見つけた他社品のかわいい製品との比較評価を行い，レーダーチャートを作成する．
- なぜそう感じるのか理由を記述する．
- 提案するデザインの目標を設定する．

4日目　中間発表（この前には大倉先生の「かわいい」に関する研究のレクチャーを行った）
- フィールド調査の発表．

5日目　提案するデザインの目標に従って，デザイン検討を行う（図⑤）．
- かわいい要素の具現化
  メンバー全員によるスケッチ→2時間描いたら集まって方向性を話し合い，少し方向性を絞る→再度各自がスケッチを描く→また2時間後に集まりアイデアを絞り込んでいく→この日の指定時間までに指導教員にデザインの方向性を報告．

6日目　デザイン検討の続き（図⑥〜⑧）
- 前日に絞り込んだデザイン案を3DCADによって形をより具体的に表現する．
  ▲3DCGの作成から図面化：型紙の製作　スチロールモデルの作成．平行して，パワーポイントで説明資料を作成する．より詳細なCGのレンダリングやカラーバリ

エーションのCGを作成．最後に自分たちの提案デザインについて「かわいい度」を評価してレーダーチャートを作成する．

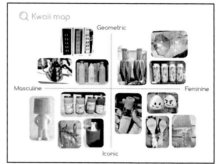

①分野を問わずかわいいと感じた画像を集めマップ化

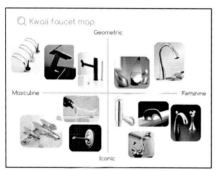

②かわいいと感じた水栓金具の画像をマッピング化

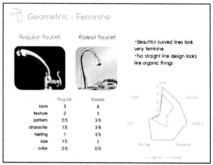

③水栓デザインのかわいい評価ポイントを決めて，自社品他社品ついて点数をつけて評価する。

④かわいい水栓デザインのためのターゲットユーザー設定

⑤デザイン検討のためのスケッチ

コラム 「kawaii」をキーワードにしたグローバル PBL

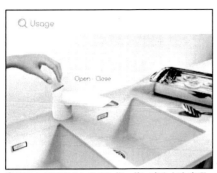

⑥絞込んだデザインを CG 化，使い方などを表現

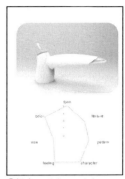

⑦提案デザインのかわいい度をレーダーチャートで評価

⑧グループ内でデザインスケッチを評価

図 C5.1　デザインワークのステップ

7 日目　プレゼンテーション
- 前日に製作したもの，プレゼン資料で企業側にプレゼンテーションを行う．

以下は C グループの具体的な進め方である．

英語がそれほど堪能でない本校の学生にとっては，感性表現を言葉で伝えることが難しかった．しかし，そこはデザインの学生．スケッチや色や写真，または簡易モデルを用いてお互いに理解し合い，進められた点はよかった．

このワークショップを行って，若者が考えるかわいいポイントを具体的に抽出することができた．上述の例にあるように，形，素材，キャラクター性，触った感じ，サイズ感，色である．形は丸っこく優しい感じのする形状．素材感は冷たく見えないもの．上述の例では，水栓金具に通常使われるクロムメッキは使っていない．キャラクター性では，少し擬人化できるような要素があること，サイズは小さめ，色はカラフルなもの．ただ，日本の学生は明度の高いファンシーカラーをかわいいと思う傾向があるのに対して，タイの学生はビビッドな色をかわいいと感じるという違いがあった．国の気候や風習によって，微妙に異なるところも大変興味深かった．

最終発表日では企業の方にコメントを頂いた．学生の提案については全般的に興味を持っていただいた．既存の概念に縛られない自由な発想が面白い，自分たちの製品が若者にどのように評価されているかがわかってよかった，デザインの発想の経過がわかってよかった，などである．提案されたデザインには，実現するには難しいものもあったが，若者の心をつかむためのヒントに繋がるであろう．

コラム[5章2]

日本建築学会「可愛いを求める心と空間のあり方に関する研究WG」の活動

【宇治川正人】

　本研究会は，日本建築学会に2013年に設置された．そのタイトルは，「なぜ，人々は"可愛い"ものを求めるのか，それは現代社会に心が満たされない人が少なくないからではないか．それに対して空間はどうあるべきかを追及しよう」という目的を表したものである．なお建築物は，①敷地や発注者に合わせて個別に設計される，②複数の利用者，時には，不特定多数が利用する，私有物であっても，③社会資産という側面を有するなどの特徴を有する．
　研究会では，いくつかの調査実験方法を試した．

a. 集団面接調査：かわいいを分解する

　研究会の活動を始めて間もなく，かわいいという言葉が大変多義的に使われていることに気づいた．そこで，「かわいいを分解する」と題した集団面接調査（グループインタビュー）を実施した．対象者の判断や行為に対して，原因や結果を掘り下げる．ヒンクルが開発した「ラダーリング」という手法を用いて，「かわいい」と思う心理行動が引き起こされる原因とその結果（心理的影響）を一対の情報として集め，それを「マレーの社会的動機リスト」と「エクマンによる感情の分類」を用いて分類し（表C5.1，表C5.2），原因と結果の対応関係を整理した[1]．

表C5.1　原因系の項目構成

大項目	小項目
1. 形態	A. 小さい B. 丸い C. 顔立ちが良い D. 色合い E. 柔らかい F. 声が良い G. その他
2. 動作・表情	A. 幼児的仕草 B. 笑顔が良い C. リラックス D. 仕草が優しい E. その他
3. 性格	A. 無邪気 B. 健気 C. 弱々しい D. その他

表C5.2　結果系の項目構成

大項目	小項目
1. 幸福感	A. 和む・癒される B. 微笑ましくなる C. 幸せな気持ちになる D. その他
2. 好感	A. 見ていたい B. 触りたい C. 会いたい・話したい D. 真似したい E. 好き F. その他
3. 養護感	A. 世話したい B. 守ってあげたい C. その他

「かわいい」がもたらす結果（心理的影響）は，表C5.2が示すように広範に及んでいる．建物の発注者が設計者に「かわいいもの」を発注する際に，どのような心理的影響をもたらすものであるかを明確に指示しないと，発注者の意図とは異なる「かわいいもの」が設計されてしまう可能性がある．

b. ミニ社会実験：赤象プロジェクト

心理的あるいは生理的反応の調査や計測で対象者（個体）の反応を捉えることはできるが，集団的な反応は把握できない．近年，従来にない新しい制度や技術を検証するために，期間や範囲を限定して，それを実際の社会の中で適用する「社会実験」という方法が用いられている．この研究会では，「赤象プロジェクト」と称して，オフィスや研究室に「（かわいい）赤い象」をおよそ1か月滞在させて，集団への影響や行動の変化を調べた．実験には1つの民間企業，7大学の研究室に参加いただいた（図C5.2）．起きた現象や効果を表C5.3，表C5.4に示す．

赤象は，無視，追放など冷たく扱われた例もあれば，装飾を施されたり，帯同されたり，職場に温かく溶け込み，職場のコミュニケーションの向上に寄与した例もあった．赤象のようなものは，普段なら，オフィスや研究室という空間にとっては全く「異物」，「許されないもの」であり，話題になったり，関心を集めたのは，異物の闖入というインパクトがもたらしたもので，かわいいものだけがそのような影響を及ぼすのではない．赤象はトリックスター（秩序を破り，現状を引っかき回す存在）であったと言えよう．

図C5.2　オフィス・研究室に赤い象を置く

表C5.3　起きた現象

大分類	小分類
処遇	無視，追放，移動
動作・行動	点検，帯同，無反応，改変，話題，荷物置場，その他
心理的影響	可愛い，寂しさ，雰囲気変化，ペット・マスコット

表C5.4　赤象の効果

大分類	小分類
効果	癒し，気分転換，話題提供，心の拠り所，共感確認，雰囲気変化，見守られ感，愛着感醸成
負の効果	反感，ペットロス
波及効果	会話促進，チーム力向上

それは，硬直した思考回路や，意義を失った儀式や慣習の意味を問い直す役割を担うことで，破壊者ではなく創造者であるという見解もある．

c. 行動観察：かわいいを聴きに行く

「かわいいもの」に出会うと人はどのような行動をするのか？　実際の現場で確認してみようと，都内の施設（上野動物園，江戸川自然動物園，すみだ水族館，サンシャイン水族館）で客の行動を観察した（**図C5.3**）．

最も目立つのは，家族連れの母親．「かわいいもの」を発見すると，連れに聞こえるように「かわいーい！」と比較的大きな声で言いながら，先導して「かわいいもの」に向かって突進して行くケースが多い．

続いて，ティーンエイジの女の子2人連れ．2人だけで話が通じればよいのか大きな声では話さない．言葉に出さなくても「かわいい」ことは暗黙のうちに感じあえる友達と来て，「かわいさ」に浸ることが目的のようだ．

男女のカップルの女の子は，「かわいいものを見つけたよ」というニュアンスで「かわいーい！」と言うことが多い．連れの男性に，「私はそういうことに敏感なの」と知らせたいのかもしれない．

感想を語りあう家族

ヤギの角をそっと触る少女

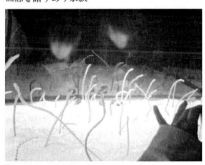

魚に見入る母と子

ショップでグッズを撫でる少年

図C5.3　動物園や水族館での行動観察

家族連れの父親は「かわいい」と発しないことはないが，まれと言えるほどで，いずれも子供と話している中で発言している．子供たちも「かわいい」と言うが，感想を述べる小さな声の場合が多い．

大雑把な観察ではあるが，かわいいものは人を引き付ける力が強いこと，かわいいものが会話だけでなく，人間どうしの頭や肩をなでたりするスキンシップを促進することが印象に残った．この客の動線誘導効果，行動促進効果は，多方面で利用できるのではないだろうか．

d. 仮想商品開発プロジェクト：触感がかわいい椅子

研究会でインタビュー取材中に，「日本は触覚文化であり，触って気持ちよくないとかわいいと思わない」という指摘があった．それなら，「触感がかわいい椅子」を作ったら，どんな椅子ができあがるだろうと仮想の開発プロジェクトを始めた．特に，ユーザーの要求を深く掘り下げることに重点を置いた．

2大学の女子学生7名の協力が得られ，①「触感がかわいい椅子」を使いたい時，②使いたい場所・誰と？，③椅子を使う1日のシナリオ，④触感をオノマトペで表現，⑤欲しい椅子の略画などを調べ，⑦オノマトペの表現にふさわしい素材，⑧一対比較法で触感のオノマトペの優劣を比較する補足調査を行った（図 C5.4）．

①から，使用欲求としは「疲労回復」と「おしゃべり」が強かった．学生達は，緊張やストレスが大きな精神的負担と感じており，その対処として「かわいいもの」を求める状況が伺えた．商品としては，「触感がかわいい椅子」は，イージーチェア的なものがふさわしく，その素材は，柔らかさと反発力（弾性），ぬくもり感などがポイントとなると言えそうだ（図 C5.5）．

近年，看護師や介護士，あるいは，コールセンター業務など，接客的な性格のある業務での感情面の疲労が社会問題化している（感情労働）．今回の結果は，感情面の疲労が多い職場の休憩室の計画などに応用できるのではないだろうか．

本研究会では，紹介した内容以外にも，さまざまな建物の見学，専門家・研究者への

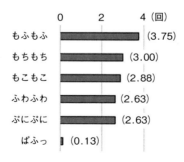

図 C5.4 「好ましい触感」のオノマトペが一対比較で選ばれた回数（平均値）

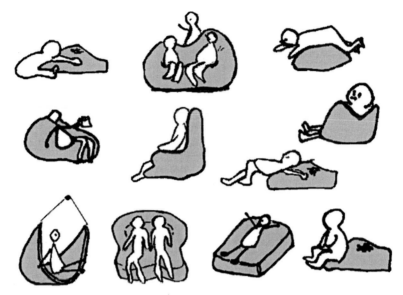

図 C5.5　欲しい椅子の略画

インタビューなどを通じて,「かわいい」という問題を社会経済の変化の一環として理解することをめざした.

　その結果,建築が,旧来の権威的示威的な存在から,人々に親しまれ,好感を持たれる存在に変化しつつある大きな潮流の中にあること,従来の快適性の概念では捉えられてこなかった「和み感」や「癒され感」,「微笑ましさ」などが利用者から潜在的には望まれていること,高齢者施設や児童施設では,「かわいいものとの共存」が多くの幸福感を作り出すこと,などが把握できた.

注）「可愛い」を求める心と空間のあり方に関する研究 WG のメンバー（2016 年 9 月末時点）：宇治川正人（東京電機大学），古賀誉章（宇都宮大学），宗方 淳（千葉大学），丸山 玄（大成建設），大倉典子（芝浦工業大学），小﨑美希（お茶の水女子大学），槙 究（実践女子大学），大井尚行（九州大学），大石洋之（JR 東日本建築設計事務所），佐藤 隆（東日本旅客鉄道），小島隆矢（早稲田大学）.

参考文献

[1]　宇治川正人：「かわいい」の原因系と結果系の分類—「かわいい」を類型化する．日本感性工学会論文誌,**15**(1), 39-46, 2016.

日本感性工学会「かわいい感性デザイン賞」

6.1 かわいい感性デザイン賞とは

　筆者は2009年に日本感性工学会に「かわいい人工物研究部会」[103]を設立し，「かわいい人工物」についてシンポジウムの開催や日本感性工学会大会やHCI International, AHFEなどの国際会議でのオーガナイズセッションの開催などを通じて，「かわいい人工物」に関する研究の進展や成果の共有に努めてきた．その中で，日本カワイイ博 in 新潟[104]を開催しているカワラボ・ジャパンの政金一嘉氏や企業に所属する参加者からの強い要望を受け，2012年に日本感性工学会に「かわいい感性デザイン賞」の創設を申請し，翌2013年から募集を開始した．ウェブサイト[105]に掲載した賞設立の趣旨は，以下の通りである．

　日本語の"かわいい"という概念が最近各方面で関心を集めるようになり，日本文化固有のものから飛び出して広く世界に向けて発信することを一つの旗印に掲げ，"かわいい"という感性価値を学術の対象として，3年前に「かわいい人工物研究部会」が設立されました．
　"かわいい"という感性価値は，主に日本を起源として発展していると考えられます．私たちの周りには，"かわいい"と感じるものがあふれ，それが経済効果に発展するまでに至り，その重要性は，日に日に高まってきております．さらに昨今では，日本にとどまらず，タイなどの東南アジアやフランスなどの欧米でも，その価値が認知されつつあります．
　このように，"かわいい"という感性価値はファッション等をはじめとしたマーケティング効果にも影響を及ぼし，その範囲は拡大する傾向にあります．このような社会的背景に応えるために，優れたかわいいプロダクトを表彰して世に知ら

しめることは，感性工学研究の裾野の広さの実証と涵養を高めるためにも必要なことと思われます．

このような背景のもとに，日本感性工学会は，その社会的役割の一環として，「かわいい感性デザイン賞」を創設することに致しました．

2013年3月には，福岡県北九州市で開催された日本感性工学会春季大会で創設記念企画を実施し，また創設時から2年間は，直接応募以外に，福岡地区賞（福岡県福岡市カワイイ区[106]が担当）と新潟地区賞（日本カワイイ博実行委員会が担当）も設けていた．

以来，毎年おおむね以下のスケジュールで2016年の第4回まで行っている．

1. 募集開始：3月
2. 応募締切：6月
3. 第1次選考（書類）：7月
4. 本選考（現物）：8月
5. 表彰：9月（日本感性工学会大会中に開催される表彰式にて）

なお，賞の創設および第1回の選考結果についての詳細（例えばハイヒール型プルタブオープナーの製作秘話など）は，参考文献[107]に詳しく記載されている．

選考委員会は，委員長が筆者で，他の委員は以下の通りである．

- 大谷　毅（信州大学）
- 椎塚久雄（工学院大学，現在は椎塚感性工学研究所）
- 庄司裕子（中央大学）
- 富山　健（千葉工業大学）
- 川中美津子（相愛大学）
- 乘立雄輝（東京女子大学）
- 野村　緑（千葉工業大学）
- 日本感性工学会志学の会メンバー有志
- 日本感性工学会而立の会メンバー有志
- 増田セバスチャン（第1回の特別委員）

6.2 2013年第1回選考結果

a. ハイヒール型プルタブオープナー（㈱石田製作所）

　新潟県三条市の農業機械部品やATM部品などの加工を行っている石田製作所が，BtoBからBtoCへの大きな一歩を踏み出すことになったのが，CANGALというプルタブオープナー[108]である（**図6.1**）．精密な金属加工技術の粋を集めた「日本のものづくり技術のすばらしさ」とかわいさを融合した製品で，爪の長い女性にプルタブを開けやすくする機能性と，身につけた時のアクセサリーとして魅力を兼ね備えている．「かわいい」をコンセプトに，高度な金属加工技術を生かし，実用性のある製品を製作したという理由で，第1回の最優秀賞を受賞した．ウェブサイト[105]に掲載されている概要は以下の通りである．

　"シンデレラのガラスの靴"をモチーフにステンレスで作られた『CANGAL』は，缶ジュースや缶詰を空ける時に「大切なネイルを傷つけたくない」という女性の声から生まれました．"ベンリカワイイ"をコンセプトに，美しい流線型のフォルムとディティールにこだわったデザインは，職人が37もの工程をかけ手作業で作り上げられます．またネイリスト達による装飾は，それぞれの感性とセンスによりデザインは無限に広がります．

図6.1　CANGAL（石田製作所）

b. Type G（筑波大学　岡田遥，内山俊朗）

　サバンナ風のジオラマにいる，ばらばらな方向を向いていたキリン型の10体のロボットが，スマホを向けるといっせいにカメラ目線になって，スマホの方に顔を向け続けるという，ロボットの自意識を実現した筑波大学の作品である[109]（図

図 6.2 Type G（筑波大学）

6.2）．ロボットのデザインへのこだわりやロボットの制御技術は奥に隠されていて，前面に出されているのはロボットの動きのかわいさである．人間と共生するインタラクションロボットが，人間にとって不快でなく，一緒にいて楽しい存在になるようにというメッセージを実現している．これも，「形がかわいい．色がかわいい．動きがかわいい．自意識がかわいい．」という理由で，第 1 回の最優秀賞を受賞した．「自意識」→「じいしき」→「G式」→「Type G」というネーミングもチャーミング．ウェブサイト[105]に掲載されている概要は以下の通りである．

普段はガヤガヤしている彼らですが誰かがその写真を撮ろうとするとジッとそのカメラを見つめます．それは「僕らの写真撮ってるの?!」という自意識の表れで，つい意地悪してカメラを構えたり隠したりしたくなる可愛さがあります．この「可愛さ」は人がロボットと仲良くなるための大事な要素だと考え，そのコンセプトを type G は示しくいます．

c. 企画展示「かわいい江戸絵画」（東京都府中市美術館）

美術館の絵画展において初めて「かわいい」という観点で企画された 2013 年春の府中市美術館の展示．造形の立派さや精神の高邁さといった観点から語られてきた美術の歴史の中で，はじめて「かわいい」という観点に着目し，「かわいい」という感情の多様性と「かわいい」を表現する江戸時代の絵画技法を軸として構成された[110, 111]．入場者数は当初の予測をはるかに上回る 2 万人を超え，図録も

増刷すら追いつかず，一般書籍として販売された[112]．これも，「かわいい」という感性価値が江戸時代に確立していたことを幅広い層に周知したという理由で，第1回の最優秀賞を受賞した．ウェブサイト[105]に掲載されている概要は以下の通りである．

府中市美術館は，2013年3月9日から5月6日まで，「かわいい江戸絵画」という企画展を開催しました．2万人を超える来場者数で，図録も増刷分まで完売する大盛況ぶりでした．これは，この企画展が，はじめて「かわいい」という価値感に着目して日本の絵画を概観した展示会だったからだと推察されます．

この企画展示以降，全国の多くの美術館で「かわいい」に着目した企画展示が行われるようになった．

d. 優秀賞受賞製品・作品

第1回の優秀賞受賞製品・作品と，ウェブサイト[105]に掲載された概要は，以下の通りである．

- コンパクトデジタルカメラ／ニコン COOLPIX S01（㈱ニコン映像カンパニーデザイン部・井上志希，鶴田香）（**図 6.3**）
  驚くほど小さく，軽く，美しい，大人のための超小型プレミアムコンパクトカメラです．なめらかな曲線が美しいステンレスボディーに優れた機能をギュッと凝縮しており，かばんにポンっと入れて気軽に持ち歩けます．小さくても使いやすい簡単タッチのユーザーインターフェースを搭載し，シンプルな4分割画面でタッチの操作性を大きくアップするなど，サクサク快適に使え，おしゃれに持てて，撮影もしっかり楽しめるカメラです．

図 6.3 ニコン COOLPIX S01

- ジルスチュアートミックスブラッシュコンパクト N（ジルスチュアート　ビューティ）（**図 6.4**）
  ジルスチュアートブランドの化粧品の1つで，チークカラー（頬紅）．発売当初からそのデザインのかわいさが話題となり，発売5年以上が経過した現在でも好評を博しています．
- ピコクッション（東和産業株式会社）（**図 6.5**）
  商品の保護を目的とする緩衝材を様々な形で表現しました．対象物のすき間にキュキュッと詰めるだけでプレゼントのアクセントにもなり，また繰り返し使用できるため，贈られた側にも二次利用していただけます．素材は発泡ポリエチレン製で適度なクッション性があり，しっかりと商品を守ります．ハート，花，蝶，星，鳥，音符の6種類での展開です．

図 6.4　ジルスチュアート ミックスブラッシュ コンパクト N

図 6.5　ピコクッションと使用例（東和産業）

- ちぎり和紙（㈱杉原商店　杉原吉直）（デザイン：芝浦工業大学　橋田規子）（**図 6.6**）
  和紙は日本の代表的な文化です．しかし PC の日常化により，均質でない和紙はプリンターに不向きで，使われなくなりました．ちぎり和紙は，人々の手に触れられなくなった和紙に，再度親しみを持ってもらうために商品化し

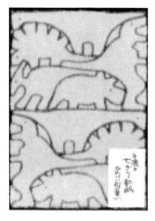
図 6.6 ちぎり和紙（杉原商店）

図 6.7 snail（札幌市立大学）

ました．透かしの絵柄は，若い世代に好まれるように「かわいい」をコンセプトにしています．透かし部は手でちぎることが出来，ラベルやメモ，貼り絵などの用途があります．ちぎった紙端の毛羽立ちもかわいさをアップしています．

- Snail（札幌市立大学デザイン学部　長谷川聡）（**図 6.7**）
  文房具は，改めて客観的に見てみると，ユニバーサルデザインとして使いやすい製品は新しく市場に投入されるが，それ以外は定番モノがほとんどです．それ故，ユーザーは定番モノは「安い」モノを購入する傾向にあり 100 円ショップで薄利多売されているもので事足りてしまいます．ここで提案するテープカッターは，この価格市場に割っているような量産も視野に入れ，生産しやすいながらも「かわいい」感を商品価値に取り入れました．
- かわいい研究（㈱日本カラーデザイン研究所　清澤雄）
  本研究は「かわいい」のタイプ分類を試み，どのようなタイプがどのくらい存在しているのかを定量的に把握するとともに，それぞれのタイプにおけるデザインの嗜好性や意識について明らかにしたものです．学生から 50 代前半の女性 540 名を対象に，「共感できるかわいさ」を質問する調査を行いました．その結果，6 つのかわいいタイプを抽出し，「個性↔正統」「ナチュラル↔スタイリッシュ」の 2 次元空間上にマッピングしました．（注：本研究をさらに学術論文に進化させた内容を，前章 5.3 節で解説した．）
- 福岡市カワイイ区（福岡県福岡市）[106]

2012年8月末，福岡市に仮想の行政区「カワイイ区」が誕生しました．福岡が持つ多彩な魅力や特性を，カワイイという新しい切り口で発信するシティプロモーション事業で，福岡の交流人口の拡大やファッション産業振興など，地域経済の活性化につなげていくことを目指しています．福岡市カワイイ区は，世界初のバーチャルな行政区という画期的な取り組みです．

- 日本カワイイ博（日本カワイイ博実行委員会）[104]
2012年3月，リアルクローズのファッションショーとカワイイ製品体験を中心に，第1回日本カワイイ博が新潟市で開催されました．日本有数の製造業集積地である新潟から，「カワイイ」効果を付加価値とする商品を世界へ，というテーマで，製造・流通・観光の活性化～若手ものづくりへの支援を進めています．NHKで放映された「"カワイイ"に賭ける男たち」でも紹介され，第2回も開催されました．「かわいい」の先駆的なイベントです．

e. 福岡地区賞受賞製品・作品

第1回の福岡地区賞受賞製品・作品と，ウェブサイト[105]に掲載された概要は，以下の通りである．

- タイベックスブックカバー（㈲のだ　野田サヨ子）（**図 6.8**）
水に強くて破けにくい特殊な素材タイベックで作成したブックカバーです．可愛く印刷できて水は弾いて，にじまず破けにくいので持ち歩いてもカワイイです．デザインにカワイイ区のリボンも組み合わせてさらに可愛く仕上がっています（リボンは福岡市カワイイ区のロゴマーク）．
- インテリアステッカー HA-RU（㈱マイサ　加藤美香）（**図 6.9**）

図 6.8　タイベックスブックカバー（のだ）

図 6.9　インテリアステッカー HA-RU（マイサ）の使用例

HA-RU interior sticker removable はミクロ吸盤という特殊技術の採用により，室内の壁に貼ったり剥がしたりが気軽にできるステッカーです．100種類以上のオリジナルデザインに加え，様々なアーティストとのコラボレーションによる作品を展開しています．

- Kami Kawaii Accessory（九州大学　鶴巻風）（協力：㈱カネカ　カネカロン事業部）

「髪の毛を用いたカワイイ装身具／ネックレス」本作品は，身につけることで得られる"Kawaii"価値を追求することを目的とし制作しました．永遠性を象徴する髪の毛を素材に用い，永遠にカワイくありたいという願いを表現しました．日本人特有の"Kawaii"感性を象徴する装飾として，少女が好むようなメランコリックなモチーフを選んでいます．素材：アルミ，スガ糸，レーヨン製ヘア．

- nemutime（九州大学　北恭子）（図 6.10）

これは毎朝「あと5分寝ていたい」と思う人のための壁掛け時計です．「あと5分」を測るために，「5分と35分を強調する形」にしました．文字盤は凹凸で表現され，本来起きる時間である「0分／30分」よりも「5分／35分」の位置が，最も凸になっています．「針の影」が美しく見えるように，0／5／30／35分以外は平坦にデザインされています．使う人に「気持ちのよい朝の5分間」を過ごしてもらいたいと思います．

f. 新潟地区賞受賞製品・作品

第1回の新潟地区賞受賞製品・作品と，ウェブサイト[105]に掲載された受賞理由は，以下の通りである．

図 6.10　nemutime
（九州大学）

図 6.11　ネイルニッパー"MIGNON"
（マルト長谷川工作所）

- ネイルニッパー"MIGNON"(㈱マルト長谷川工作所)(**図 6.11**)
 高度な技術で切れ味を追求した「ニッパー型爪切り」．細やかなカットができることでプロにも支持される商品だが，従来はニッパーそのままの形状で鋭利で「怖い」印象を与えていた．本商品は，丸みを帯びたデザイン，持ち手をはさみのようなリング形状にすることで一般にも使いやすい形状にするなどのさまざまな工夫が施されている．また，サイズも持ち運びしやすいよう大幅に小型化．「かわいいデザイン」の要素を積極的に取り入れることで，機能・デザインともに，これまでになかった画期的な商品として評価された．
- キャンディジュエルシリーズ(ツインバード㈱)(**図 6.12**)
 若年層の化粧が一般化している中，肌トラブルなどで美顔への関心が高まっているが多くは高価で若年層には手が届かない．本商品は，①人気の高い旧来の美顔器シリーズから機能を絞り込み，若年層にも「買える」商品に仕上げた．②若年モデルなど対象層へのリサーチ結果を反映した「かわいい」デザインと，ネーミング．③フェイススチーマー，超音波／イオン美顔器，フェイスミスト，ホットローラーと，豊富なシリーズラインナップ，などが評価された．

図 6.12　キャンディジュエルシリーズ(ツインバード)

- KOTETSU(中村精工㈱)(販売：㈱大都)(**図 6.13**)
 職人が手作りで作成したカラフルでかわいい工具箱．「理系女子」が注目される中，①従来の無骨な工具箱のイメージを一新するデザインで，サイズも左右 19.5 cm と小さい，②5色揃った豊富なカラーバリエーション，③工具だけでなく裁縫道具，おもちゃなど使い手によってさまざまな工夫が凝らせる

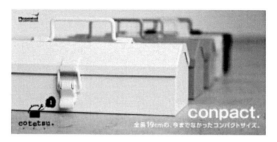

図 6.13　KOTETSU（中村精工）

楽しさなどが評価された．

g. 新潟地区スポット賞受賞作品

第1回では，日本カワイイ博実行委員会独自の取り組みとして，新潟地区スポット賞が設けられ，多数の写真が投稿された．受賞作品と，ウェブサイト[105]に掲載された受賞理由は，以下の通りである．

- サマーナイトプレゼンツ：国営越後丘陵公園（**図 6.14**）
新潟県長岡市にある公園で夏に開催されるイルミネーションイベント．光で造形されたたくさんのかわいい動物たち，入場口のリボンオブジェ，ライトアップされ演奏にあわせて噴水が噴出すなど，多様な造形が評価された．

- ポワルのほほえみ：ポワルのほほえみ（**図 6.15**）
新潟県新潟市のケーキショップ．店名，外観，「ポワルくんチーズケーキ」な

図 6.14　サマーナイトプレゼンツ：国営越後丘陵公園

図 6.15 ポワルのほほえみ

どの商品群，すべてに渡って，高い理想を反映した「かわいい店づくり」が実践されている点が評価された．

6.3　2014年第2回選考結果

a.　AUROLITE® 〜しゃぼん玉から生まれたファスナー〜（YKK株式会社）

第2回の最優秀賞を受賞した．ウェブサイト[105]に掲載された概要は，以下の通りである．

弊社はファスナーメーカーとして，多様化したニーズに応えるべく，日々開発に取り組んでおり，今回新たに，しゃぼん玉のように色が変化する樹脂ファスナーの作製に成功した．ポイントは多重積層膜の表面処理で，材料色と膜色の組合せでかわいい感を演出できることを発見し，感性工学的に設計条件を突き詰め，本商品が生まれた（2013年度）．ランドセルやスポーツアパレル向けに採用され，そのかわいさが評判になっている．

機能のみに着目されがちなファスナーという製品に「かわいい感」を付加する

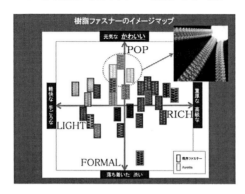

図 6.16 樹脂ファスナーのイメージマップ

ことで，それを使用した製品の感性価値の向上に寄与している．製品開発の際のイメージマップを**図 6.16**に示す．詳細はウェブサイト[113]を参照されたい．

b. S&B おひさまキッチンブランドの商品パッケージとその世界観（エスビー食品株式会社）

これも第 2 回の最優秀賞を受賞した．ウェブサイト[105]に掲載された概要は，以下の通りである．

「おひさまキッチン」はトーストやヨーグルト用のシーズニングなどを展開しているエスビー食品の商品ブランド．各フレーバーにちなんだ「パンダくん」や

図 6.17（口絵 10） S＆B おひさまキッチンのウェブサイトの一部
エスビー食品株式会社提供．企画／AD ヤスダユミコ，武藤雄一；D ヤスダユミコ，渡邉真衣，三好愛（アイルクリエイティブ）；C 武藤雄一，大澤芽実（武藤事務所）；I 松本摩耶（アイルクリエイティブ）；P 八木興（武藤事務所）；Web D 中原寛法，宮本涼輔（nD）.

「ネコさん」などのキャラクターが料理を楽しんだり，味わったりする様子がパッケージに描かれている．動物さんたちのエピソードや暮らしが動画や「おひさまキッチンしんぶん」で紹介され，愛嬌のあるほっこりした世界観がかわいい．ハロウィンなど催事に連動したキャンペーンも展開している．

シリーズのウェブサイトの一部を図 6.17（口絵 10）に示す．ウェブサイト[114]は，商品の紹介にとどまらず，おひさまキッチンに登場する動物の紹介まで含んでおり，かわいい世界観を確立している．

c. 巣鴨信用金庫「かわいい信金シリーズ」（巣鴨信用金庫）

これも第 2 回の最優秀賞を受賞した．ウェブサイト[105]に掲載された概要は，以下の通りである．

巣鴨信用金庫は，2009 年以降，同社のおもてなし精神に基づいて，色彩感覚に優れた可愛い外観・内装の店舗を開設し続け，地域のランドマークとなり，交流や児童の安全確保の拠点となっていること，顧客の満足度はもちろん，職員のモチベーションアップや業績の向上など素晴らしい，幅広い効果をもたらしている．お堅く，重厚という先入観のある金融機関の店舗の常識を覆す大きな挑戦に成功

図 6.18　巣鴨信用金庫志村支店

している.

志村支店の外観を**図 6.18** に示す．この支店以外に，新座支店，江古田支店，常盤台支店，中青木支店も同じエマニュエル・ムホー氏の設計で，いずれも店舗の外観だけでなく，インテリアもかわいい．選考では，信用金庫というお堅いイメージの企業が店舗にこのデザインを取り入れたことに大いに価値があると評価された．かわいい感性デザイン賞のウェブサイト[105]には，志村支店の紹介ビデオも掲載している．なお，最優秀賞を受賞したことが 2014 年 9 月 15 日付けの建設通信新聞に掲載された[115]．

d. 優秀賞受賞製品・作品
第 2 回の優秀賞受賞製品・作品と，ウェブサイト[105]に掲載された概要は，以下の通りである．

- 子ども達が乗って遊べる自律移動ロボット「ERIE」（宇都宮大学　尾崎功一，井上一道）
  我々は磁気の乱れを目印とする磁気ナビを開発．すべてのセンサをボディに内蔵し，2009 年につくばの街中で完全自律移動を達成した．形状・色の感性評価に基づき子どもや親子に人気の高いボディを製作．5 年間のイベントで 500 人以上が遊んだかわいい移動ロボット．まわりには笑顔が溢れている．
- 雪たんたん（丸屋本店）（**図 6.19**）
  JR 東日本新潟支社，シェフパティシエ専門学校，丸屋本店の 3 社がコラボレーションした新潟駅限定の笹スイーツ．新潟の春の淡雪を表現し，越後姫

図 6.19　雪たんたん（丸屋本店）

あんにホワイトチョコレートを練り込んだなめらかな口どけが特徴です（注：5個セットは1個だけよりさらにかわいかった）．
- かわいい琳派（山種美術館　三戸信恵）（出版：東京美術）
人気の高い琳派の名品から，「かわいい」作品のみをセレクトしました．日本美術ってこんなに楽しい，と目からウロコの1冊です．子どもや若い世代など，日本美術になじみが薄い層にとっても親しみやすい1冊です（注：この本の出版後，東京美術からは「かわいいシリーズ」として「かわいい絵巻」「かわいい妖怪画」「かわいいルネサンス」「かわいい印象派」「かわいい禅画」「かわいいやきもの」などが出版されている）．

e. 福岡地区賞受賞作品

第2回の福岡地区賞受賞作品は，「おもちゃの花束」（西日本工業大学　梶谷克彦＆POUQUET）で，ウェブサイト[105]に掲載された概要は，以下の通りである．

カワイイと地域特有のアフォーダンスをテーマにしたアート作品．北九州市には，祝いの場の生花を来場者が持ち帰る風習がある．この風習によるアフォーダンスを刺激する地域密着型のアートです．目指したのは，カワイイの象徴としての「おもちゃ×花束」の造形を，「祝いの生花」と見立てた市民に持ち帰っていただくこと．その際，参加者自身が小さな花束を作り，オリジナルの「カワイイ」を発見してもらう仕組みとしました．

f. 新潟地区賞受賞製品・作品

第2回の新潟地区賞受賞製品・作品と，ウェブサイト[105]に掲載された概要・受賞理由は，以下の通りである．
- カワイイ農作業着（したみちオフィス株式会社　今井美穂）（**図6.20**）
概要：新潟農業女子×LOS×地域活性化モデル今井美穂．異業種コラボによるツカエルカワイイ作業着．淡い桜色，大地の土，豊かな緑，新潟が誇る農業を温かみのあるカラーで表現．現役農業女子の細かなアイディアがたくさん詰まった作品です．生地はとことんこだわり動きやすさ満点．どんな方が着てもスタイルがよく見えるデザインとなっています．
受賞理由：最近，若い女性層にも少しずつ関心が広がっている農業に取り組

図6.20 カワイイ農作業着（したみちオフィス）

図6.21 ガールズガーデニングシリーズ RIO♥LUCA（浅野木工所）

んだ作品．現役農業女子の細かなアイディアが多く取り入れている点，農作業をより楽しくし，就農者を拡大するという実効性を目的としたテーマもあわせて評価した．機能性を優先させたため，カワイイ表現を今後さらに強化することを期待したい．

- ガールズガーデニングシリーズ RIO♥LUCA（㈲浅野木工所　浅野利栄子）（図 **6.21**）

概要：従来の園芸・農業用品は，男性が考えていたため，女性にとって大きく重く，ファッション性がなく，園芸が大変で辛いといったマイナス面をイメージさせるものでした．女性のヘルシー思考の高まりや食の安全が囁かれる中，ベランダ菜園などの小規模で手軽なガーデニングを始めたい女性は増えています．そこで，女性自身が考えた，使いやすさはもちろんのこと，可愛く，女性が思わず園芸したくなるような園芸用品を企画しました．

受賞理由：従来の園芸・農業用品は，男性デザイナー中心だったことから，機能性とデザインを兼ね備えた本格的な用品は限られている．軽さ，機能など，女性自身が考えた使い勝手のよさとかわいいデザインは，今後さらに改良を加えることで，大きな市場性があると思われる．色彩と形状のかわいさの追及，バリエーションの拡大などを期待したい．

6.4 2015年第3回選考結果

a. ミラココア（ダイハツ工業株式会社）

第3回の最優秀賞を受賞した．ウェブサイト[105]に掲載された概要・受賞理由は，以下の通りである．

概要：ミラココアを「かわいい」というコンセプトでデザインし，How to make "Cawaii"「わたしココア」の作り方，"Cawaii" is Power かわいいは世界をつくる，などのキャッチコピーで，その魅力をアピールした．

受賞理由：他社にもかわいい自動車はあるが，ウェブサイト[116]で「かわいい」をここまで前面に打ち出した例はない．コンセプト，カラーラインナップ，キャッチコピーなどが良い．また多様な「かわいい」の選択肢の提示もおもしろく，最優秀賞にふさわしい．

最優秀賞の受賞を機に，ダイハツ工業デザイン部の清水奈穂子氏にミラココアの解説記事を執筆していただいた[117]．それによると，20代女性をターゲットとし，世界一かわいい車をめざしてリニューアルを計画したミラココアは，「らしくない」「小難しくない」「すっとぼけた」をキーワード，「あたたかモダン」をデザインコンセプトとして開発されることになった．さらに女性社員で「ココかわプロジェクト」が編成され，コンセプト作りから販売まで一気通貫で，以下の方針で「女性にうれしい車づくり」に取り組むことになった．

①車からカーグッズまで徹底的にかわいさにこだわったものづくりをする．

②ボディカラーとインテリアの組合せでは，160種類の多様な中から"私のかわいい"が選べるようにする．

③世界観を作り手からプロモーションの担い手まで共有し，車，カーグッズ，販促まで，統一したイメージで展開する．

さらに全国の販売店の女性スタッフが地域ごとに集まって，地域それぞれのかわいさで仕立てた「ご当地ココア」も作られた．

詳細は参考文献[117]を参照されたい．

b. 優秀賞受賞製品・作品

第3回の優秀賞受賞作品は「かわいいハプティクス：ハムスターのいえ」（慶応義塾大学　孟倩，花光宣尚，南澤孝太）で，ウェブサイト[105]に掲載された概要は，以下の通りである．

触覚の面からかわいさを感じられるような触覚インタラクションのデザインをかわいいハプティクスとして提案する．それを実現させるための要素から，小動物を題材にかわいい触感を体験できる作品「ハムスターのいえ」を製作した．この作品では，箱の中にハムスターが棒を齧る映像が流れていており，箱に取り付けられた棒を通して触感が体験者に伝わり，ハムスターがえさを齧ってる時の触感が感じられるという仕組みである．

c. 企画賞受賞対象

第3回の企画賞受賞対象は「カワイイ　リノベーションカー・コンテスト」（カワラボ・ジャパン，オートパーク）[118]で，ウェブサイト[105]に掲載された概要と受賞理由は，以下の通りである．

概要：新潟県の中古車・新車・輸入車の販売を行う「株式会社オートパーク」と，"カワイイ"を専門テーマにした民間研究・開発・サポート企業「株式会社カワラボ・ジャパン」がタイアップし，全国から「カワイイ リノベーションカー」のデザイン案を募集することとなった．当コンテストは，3車種にオリジナルのデザインを施し，可愛くリノベーションをする公募コンテストである．
受賞理由：「かわいい」というコンセプトで中古車コンテストを実施し，優秀作品を実車に施し，オリジナルな中古車を実現した点が評価された．

d. 奨励賞受賞製品・作品

第3回は奨励賞を設けた．その受賞製品・作品と，ウェブサイト[105]に掲載された概要・受賞理由は，以下の通りである．

- shike veil（フルプロダクトデザインスタジオ　長谷川聡）（図 6.22）
  概要：「しけ絹」製の暖簾である．しけ絹は，2匹の蚕で1つの繭をつくるこ

図 6.22 shike veil(フルプロダクトデザインスタジオ)

とで生まれる特殊な絹糸で，製織した生地はランダムな模様が現れる．富山県の松井機業場が 1877 年の創業から製織し始め，邸宅の壁仕上げ材として流通したが需要が衰退し，現代の住空間に再生すべく暖簾としてデザインした．パーツは 1 本ずつ独立しており，1 方向にグラデーションさせている．配列替えや上下反転することで全く異なる様相を呈する．

受賞理由：「しけ絹」の特性を利用した「かわいい」製品として評価できる．

- **布スイッチ：構成変更が可能な衣服型ウェアラブルデバイスとタッチスイッチ（関西大学　岩崎聖夜，阪口紗季，阿部誠，松下光範）（図 6.23）**
  概要：この作品は，機能の構成変更ができるウェアラブルデバイスです．衣服型端末に布製のタッチスイッチを貼り付けると，衣服に機能を付与することができる．また，そのスイッチに触れることでその機能の on/off を切り

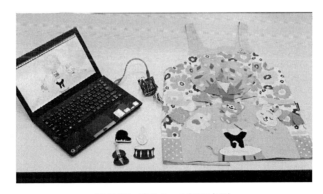

図 6.23　布スイッチ(関西大学)

替えることができ，衣服に貼り付けているスイッチを別のスイッチに付け替えると機能を変更することができる．このように，衣服に装飾をつける感覚で，柔軟に機能を付与したり変更したりできる．

受賞理由：機能の構成変更ができるウェアラブルデバイスに「かわいい」という付加価値を与えた点が評価できる．

6.5　2016年第4回選考結果

a.　カワイイにこだわった布製ボディの超小型電気自動車 rimOnO（株式会社 rimOnO）

第4回の最優秀賞を受賞した製品で，ウェブサイト[105]に掲載された概要・受賞理由は，以下の通りである．

概要：株式会社 rimOnO は経済産業省出身の伊藤慎介と工業デザイナーの根津孝太が設立したベンチャー企業であり，高齢化や人口減少時代をにらみ，交通弱者を極力生まない超小型車の開発を進めています．クルマ好きではない数多くの消費者にも受け入れられる商品を創りたいという思いからカワイイにこだわり，細部にまで徹底しています．

受賞理由：超高齢社会を見すえ，「小さくてカワイイ，誰でも乗れる乗り物を作りたい」「日本発でワクワクするモノづくりにチャレンジしたい」というコンセプトが共感を得た．実際制作された布製の rimOnO の外見や内装に温かみやこだわり

図6.24　電気自動車 rimOnO（㈱ rimOnO）

があり,かわいかった.

正面から見た写真を**図 6.24** に示す.rimOnO の開発コンセプトや動画などはウェブサイト[119]に詳しい.また開発の経緯は章末の伊藤氏のコラムを参照されたい.なお,この製品が最優秀賞を受賞したことや「かわいいとは何か?」が,2016 年 12 月 21 日付けの読売新聞に掲載された[120].

b. センターインコンパクト・センターインフレグランス(ユニ・チャーム株式会社)

これも第 4 回の最優秀賞を受賞した製品で,ウェブサイト[105]に掲載された概要・受賞理由は,以下の通りである.

概要:センターインコンパクトは「世界一かわいいナプキン」をコンセプトに,生理用ナプキンに見えないナプキンを目指して設計.元気で明るいビビットカラーのデザイン,小物のようなコンパクト形状,お洒落なスケルトンパッケージと,従来のナプキンのイメージを覆したお洒落でかわいいナプキンにした.さらに,パフューマーが調香した香りをつけることで,重たい気持ちになってしまう生理期間を軽やかに楽しんでもらえるようにした.

受賞理由:隠すのではなくて可愛く見せるというのは大切.同様の商品をほかにみたことがないので,海外の方にお土産であげたら,機能性よし,デザインよし,軽い,で喜ばれるかもしれない.

図 6.25 センターインコンパクト(ユニ・チャーム)

センターインコンパクトの写真を図 6.25 に示す．製品の詳細はウェブサイト[121]に詳しい．なお，この製品が最優秀賞を受賞したことが 2016 年 9 月 13 日付けの愛媛新聞に掲載された[122]．

c. 優秀賞受賞製品・作品

第 4 回の優秀賞受賞製品・作品と，ウェブサイト[105]に掲載された概要は，以下の通りである．

- **Kikiparfait（キキパルフェ）（大染工業株式会社　林秀憲）（図 6.26）**
  kikiparfait（キキパルフェ）は最近盛り上がりを見せているハンドメイド・手芸マーケットへ向けた素材となるプリントファブリックの京都発のブランドです．"カワイイ"をキーコンセプトにデザインされ，友禅染めから連なる京都伝統の捺染技法で染色されたプリント生地です．ブランドコンセプトは「淡く，優しく，ファンタジックで，繊細な，甘いお菓子のようなファブリック」です．（注：ブランドのウェブサイトは [123]）

- **ほほほ　ほ乳びん（芝浦工業大学　橋田規子）**
  メモリが見やすく，持ちやすい，「孫育て」におすすめな日本製のほ乳びんです．花びら型のデザインは，指にフィットして扱いやすく，調乳時の落下事

図 6.26　kiki parfait（大染工業）

故を防ぎます．また，メモリが大きいことで，老眼による調乳ミスや火傷を防止することができます．孫育ての機会が増えるシニアの安全を考えた，初めてのほ乳びんです．使い勝手を研究した結果，自然とかわいいデザインになりました（注：第10回キッズデザイン賞・優秀賞（少子化対策担当大臣賞）受賞，通販サイト[124]にも詳細な説明がある）．
- 〈アイ・ボーンズ〉ティッシュをくばろうとするロボット（豊橋技術科学大学　柄戸拓也，田村真太郎，古川真杉，吉川宗志，吉見健太，西脇裕作，岡田美智男）
行き交う人を目で追いながら街角に佇むロボット．懸命にティッシュをくばろうとするも誰も立ち止まってくれない．少し気弱になったのか，その手の動きはなんとも心もとない．そんな姿をかわいそうに思ったのか，近づき手を差し出してくれる人．ようやくティッシュを受け渡すことができたのだ．本動画では，そうしたロボットと人の何気ない交流を描いてみました（注：動画［125］）．

d. 企画賞受賞対象

第4回の企画賞受賞対象と，ウェブサイト[105]に掲載された概要は，以下の通りである．
- kawaii 理科プロジェクト（kawa 理科ラボ）
理科にカワイイというお洒落で親しみやすいイメージをつけ，科学リテラシーの低下を食い止めたいと活動する本プロジェクトは2013年に長岡技術科学大学の教職員有志により発足した．実験教室やかわいい実験器具のコンテスト，女子が身につけたくなる理科グッズの開発など多くの活動を行っている．渋谷のギャルから80のおばあちゃんまで日本人全員が科学を楽しみ，自国の科学技術を誇りに思える世の中の実現を目指している（注：平成28年度科学技術分野の文部科学大臣表彰，科学技術賞（理解増進部門）を受賞．facebookは［126］）
- axes femme kawaii （㈱アイジーエー）
Kawaiiラインは，axes femmeのヴィンテージテイストに日本独自のkawaii文化のエッセンスを加え，まるでお姫様のようなシルエットや装飾が贅沢な商品をトータルコーディネートで提案しています（注：ブランドのウェブサイトは［127］）．

おわりに

　本章では，日本感性工学会「かわいい感性デザイン賞」の創設の経緯や趣旨および第1回から第4回の受賞製品・作品・対象について概説した．「かわいい」という感性価値には多様性があり，受賞製品・作品・対象の「かわいい」も多様であるが，「かわいい」に真正面から取り組み，共感を得ることに成功している点は共通している．今後もこの賞の募集を継続していくことで，「かわいい」という感性価値の社会的意義の認知に努めていきたい．

コラム[6章]

なぜカワイイにこだわり抜いた超小型電気自動車を作ったのか

【伊藤慎介】

　当社が開発し，2016年5月20日に発表した超小型電気自動車 rimOnO(リモノ) は，日本感性工学会が主催する第4回かわいい感性デザイン賞において，栄えある最優秀賞に選定いただいた．

　15年勤めた経済産業省を退官し，元トヨタ自動車の工業デザイナーである根津孝太氏と開発したのが，カワイイにこだわり抜いた超小型電気自動車である．なぜ私が中央省庁のキャリア官僚というポストを投げ打ってまでこのクルマの開発にこだわったのか，これまでの開発経緯とこのクルマの特長や我々が込めた思いを解説したい．

a. 電気自動車のイメージを変えた東京電力の人たちとの出会い

　経済産業省で自動車産業を担当していた2006年当時，電気自動車を普及させるべく熱心に取り組んでいたのは東京電力の人たちであった．そして，その人たちからの驚くべき提案が，電気自動車は家の中に置いて「動く部屋」として利用できるのではないかという図C6.1のイメージ図だった．騒音や排ガスがなく，ほとんど熱も発生しない電気自動車はもっと人に近づけるのだということを象徴する提案であり，このことがきっかけで私は電気自動車に対して特別な思いを抱くようになった．

b. 工業デザイナー・根津孝太氏との出会い

　電気自動車に虜になった私は，電気自動車を街ごと普及させる「電気自動車タウン構

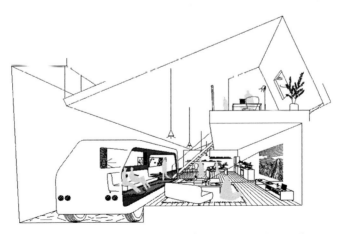

図C6.1 「動く部屋」としての電気自動車（東京電力資料より）

図 C6.2　電動バイクの zecOO(ゼクウ)

想」などの国家プロジェクトを立ち上げ，電気自動車が走る街を創り出そうと挑戦を続けたが，なかなか自分のイメージする街にあった電気自動車に出会うことがなかった．そう思い始めていた 2012 年のある日，テレビから衝撃の映像が目に入ってきた．根津がデザインし，中小企業と共同で開発した電動バイクの zecOO(ゼクウ) である（**図 C6.2**）．こういうカッコイイものを個人と中小企業が組めば作ることができるという事実に衝撃を覚え，どうしても根津氏に会いたくなり，経産省の人脈をたどって会いに行った．

c.「布のクルマを作ろう」と言い出されて

　電動バイクに感動して根津と何度か会うようになった私であるが，彼がトヨタ自動車のためにデザインしたコンセプトカーに試乗する機会があり，この体験を通して，①カワイイクルマであればクルマ好きではない自分のような人もきっと欲しいと思うのではないか，②乗っている人どうしの親密感が生まれる狭くて小さいクルマには古くて新しい面白さがあるのではないかと感じ，どうしてもそういうコンセプトのクルマを商品化したくなったのである．そして，2014 年 7 月，私は経産省を退官し，同 9 月に根津と株式会社 rimOnO を創業した．

　新しい電気自動車を作るにあたって最初に根津に言われたことが，「すでに売られてい

図 C6.3　布のボディのスケッチ

図 C6.4　2 次曲面のみでのデザイン

るクルマと同じ素材でクルマを作っても大きな違いにはならない．防水性のある布でクルマを作ったらどうか」という衝撃の提案だった．布×クルマというのがどうしても想像できず半信半疑であったが，最初に根津が描いてきた図 C6.3 のスケッチを見て私のテンションはすっかり上がってしまった．布のボディであっても皮のような布地にステッチが入れば可愛らしくて魅力のあるクルマになるのではないかと思ったのである．

d. 何度かのデザイン変更を経て現在のデザインに

ところが実際に布で覆われたボディを設計しようとすると，布を張った時に発生するシワをどうするかという問題に直面し，根津は悩み始める．その結果，布を張るのに適さない構造である以前のデザインを自ら取り下げて，全く新しいデザインを提案してきた．それが図 C6.4 のデザインである．デザインはもちろんのこと，材料に対する知識も豊富な根津としては，ほぼ2次曲面のみで構成された構造にすることで，シワの問題を解決することを狙ったのである．しかし，カワイイにこだわりたかった私としては，どうしてもこのデザインがカワイイとは感じられず，勇気を絞って「あんまり可愛くないと思うんですが…」と言ってしまったのである．

険悪なムードの中，私と根津は詳細設計の相談をするため，開発パートナーであり設計会社であるドリームデザイン株式会社を訪れた．そして到着するなり仰天してしまう．なんと奥村社長の計らいにより社員総出で実物大の模型を手作りで作って下さっていたのである（図 C6.5）．この模型に乗り込んで大きさを体感できたことで，rimOnO はさらにデザイン変更することとなり，現在のカワイイデザインが誕生したのである．

e. 超小型電気自動車 rimOnO の特長

超小型電気自動車の最大の特長は何といってもカワイイことにこだわり抜いたことである．私自身が特段クルマに関心がないこともあり，クルマ好きではない方でも「このクルマなら欲しい！」と思って頂けるのではないかというのがこだわりの理由である．キャラクターのように表情のある前面，ぬいぐるみのような意匠ステッチ，部品だけで

図 C6.5 手作りの実物大模型

もカワイイと思えるドアノブやエンブレム，親しみやすいブルーのボディなど細部までこだわっているが，これは根津のデザイン力だけでなく，ドリームデザイン社をはじめとして開発・製造に携わった皆様が思いをこめて携わって下さったからこそ実現したといえる．

さらにこのクルマの大きな特長はシートレイアウトにある．運転席と後部座席がかなり近接していることから，バイクのような親近感のある乗車体験を実現しており，乗車いただいたすべての方が満面の笑みになる「親しい人はさらに親しく」「親しくない人で

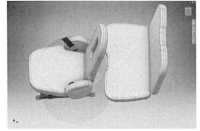

図 C6.6 シートレイアウトと室内のデザイン

〈主要スペック〉	
全長	2.2 m
全幅	1.0 m
全高	1.3 m
車両重量	320 kg（目標 200 kg）
最高速度	45 km/h（検討中）
航続距離	50 km（目標）
乗車定員	大人 2 名
	（または大人 1 名＋子供 2 名）
価格	100 万円（目標）

図 C6.7 （口絵 9） rimOnO の主要スペック

もすぐ親しくなってしまう」という効果を生み出している．また，車高が低いことから腰の悪い方が運転席に乗り込むのがつらいだろうとのことで，乗り込む際に運転席が横に回転する仕組みを導入している．rimOnO はハンドルだけでアクセルやブレーキの操作ができることから，回転シートと組み合せることで，不自由な車イスユーザーの方にも使っていただける可能性を秘めている（図 C6.6）．

クルマの詳細スペックであるが，全長約 2.2 m，全幅約 1.0 m，全高約 1.3 m という 2 人乗りのクルマとしてはギリギリの大きさとなっており，そのことで運転しやすさ，駐車しやすさ，歩行者に対する安心感を提供している（図 C6.7）．

f. 着せ替え可能な布製ボディとクルマの新しい楽しみ方の提案

布製ボディとしたことで可愛らしさと柔らかさを持つ rimOnO であるが，布製であることには他にも大きなメリットがある．金属や樹脂のボディであれば必要となる金型が省略できるため，台数が少ない場合でも価格をある程度抑えられること，そして何よりも着せ替えが楽しめることである．

これまでのクルマは買った時に選んだ色やデザインから変更することはできなかったが，rimOnO の場合は，外装を取り外せることから，スマートフォンのケースのように自分好みの外装に付け替えることが可能となる．さまざまなデザイナーや企業が外装パーツを手掛けるようになれば，クルマをインテリアや洋服のように楽しめるようになるだろう．

g. rimOnO から日本の街，世界の街を変えていきたい

小さくてカワイイ rimOnO，これが街中を走り回っているだけで街の雰囲気は明るく楽しくなるだろう．実は rimOnO は最高速 45 km／時を目標としている．道路上で歩行者がなるべく恐怖を感じない乗り物にしたいという思いからだ．理想は「道路上に立ち並ぶマルシェやオープンカフェの隙間を歩行者に遠慮しながら rimOnO が通っていく」という景色である．

今の道路は細道も含めて自動車がわが物顔で走行しており，すべての道が「自動車道化」してしまっている．しかし，そのことによって道端で会話をする，行商人から買い物をする，子供たちが集まって遊ぶという道が持っていた重要な機能を失ってしまった．

rimOnO は，道をもう一度人の手に戻し，「道を街にする」ための乗り物である．この rimOnO を通して人々が明るく楽しくワクワクと暮らせる街づくりを，日本，そして世界に展開していきたいと考えている．

7
「かわいい工学」のこれから

　筆者が「かわいい工学」の研究を開始してから 10 年が経ち，その成果をまとめる意図で，本書を執筆した．さらにその間に知り合った他分野の研究者の方々にコラムを執筆いただき，工学以外の領域からの「かわいい」についても含めた．

　第 3 章では，「かわいい」人工物について，色，形，大きさ，テクスチャ，触感，音という物理属性を 1 つずつ取り上げ，その系統的計測・評価方法について行った実験を紹介した．また第 4 章でも，色，大きさ，提示方法（VR と AR）を1 つずつ取り上げた．まえがきでも述べたように，実際の人工物はこれらの物理属性の多数の組み合せで構成されており，それらの相互作用により「かわいい」という印象が決まる．しかし工学研究としては，まず基本的な実験を行って単独の物理属性による「かわいい感」を明らかにすることが必須だと考え，このような一連の研究を行った．それぞれの結論はさほど意外なものではないかもしれないが，「きちんと工学的に明らかにする」という過程を重要視する姿勢が根底にある．対象が「かわいい」という曖昧さのある感性価値であっても，工学研究としての基本は，これからも今後も変わらない．

　また本書で紹介した実験において，実験協力者はおもに 20 代男女としたが，20 代であれば男性でも「かわいい」という感性価値に違和感なく実験に協力してもらえたことがその背景にあった．第 3 章のコラムでは，同じ工学分野の研究者である三武先生に「かわいいことを前提としたロボット」の研究事例について紹介いただいた．また第 6 章のコラムでは，経済産業省を退官して起業された伊藤氏の「かわいい」にこだわった製品開発について紹介いただいた．これらから，「かわいい」という感性価値が決して女性だけのものではないことが理解いただけたと思う．

　さらに本書で紹介した実験においては，人工物の提示にバーチャル環境を多用した．筆者は「かわいい工学」の研究の手段として 10 年前からバーチャルリアリ

ティの技術を用いてきたが，本書を執筆している 2016 年は「VR 元年」と言われており，ここで紹介したのと同様の実験が，今や金銭面でもソフトウェア開発面でもきわめて容易に再現できる状態になった．また昨今の 3D プリンターの低価格化により，バーチャル環境ではなく 3D プリンターで製作した実物で実験することも，現在では容易になっている．第 3 章 3.8 節では，視覚情報はバーチャル環境，触覚情報は実物という組合せで行った実験を紹介した．今後も，バーチャル環境と実物の上手な使い分けが，実験を計画する上で重要な要素である．

筆者らの「かわいい工学」研究は，「現在まだ継続中」というより，まだまだ残された課題が山積みになっている状況である．今後多数の基礎研究および応用事例を蓄積するとともに，最終的には「かわいい感」をモデル化することで，工学研究としてひとつの到達点に立つことを目指している．

一方，筆者が代表を務める日本感性工学会「かわいい人工物」研究部会で毎年開催しているシンポジウムや，筆者が企画した国際会議の企画セッションでも，他の研究者の「かわいい」に関する研究成果が発表されるようになってきており，「かわいい工学」の研究は，研究分野として順調な広がりを見せている．今後ますます多くの研究者の参入や企業の取組みの増加を期待したい．本書を手に取られた皆様にも，是非その一員になっていただきたい．

コラム [7章]

かわいいと建築

【古賀誉章】

a. 控えめなかわいいを受け入れつつある建築界
1) 文理混在の建築学

本来文系的な「かわいい」を，本書の趣旨に沿って建築の立場から「工学」するにあたって，まず建築の特殊性を説明しておきたい．建築学は，日本では一般的に工学系に属するが，欧米では芸術系とされることも多い．それは，工学が基本的に産業革命以降に発展したのに対し，建築学は古代から「歴史・意匠」という芸術・文化的分野が確立していたからである．大雑把に言うと欧州では中世まで，建築という技術はもっぱら神のために使われてきたが，神に好みは聞けないので神話や教典などからふさわしい建築を考えねばならない．そのため歴史・意匠学が発達したわけである．さらに，建築には工学的技術や歴史・文化の人文学的視点だけでなく，経済や法律などの実務的視点，コミュニティやライフスタイルなどの心理・社会学的視点など多様な知見が必要であり，「理系の中の教養学」と評されることもある．このように，建築学は工学の中では文理混在の少々異色な領域なのである．

2) 建築とかわいいの関わり

さて，建築のかわいいとの関わり方は大きく2つある．1つは建築物自体がかわいいという場合である．外観や内部空間のかわいさもあるが，建築物は人より大きいので床の模様やドアノブなどの部分にかわいさを感じることもある．もう1つは，建築の他にかわいい対象物がある時に，その場を作る役目である．図と地でいえば背景の「地」の部分，雰囲気を合わせて盛り上げたり，逆の雰囲気で引き立てたり，邪魔しないよう控えることもある．

建築をかわいい対象としたり，かわいい側に寄せた地とするのは，装飾的で華美を好む人が多いインテリアデザイナー，反対にかわいいを表さずに背景に徹するのは，シンプル・シャープを好む建築家に多いと思う（当然そうでない例は多数ある）．場の意味から考えると，店舗などの一部の用途では人目を惹くことが喜ばれ，非日常的な"ハレ"の場に個性的で尖ったデザインが好まれるので，ポップで耽美ないわゆる kawaii が選択肢となる．他方，建築物のうち多数を占める住居やオフィスなどの日常的な"ケ"の場や，公共性の高い場所では，何にでも誰にでも合わせやすいシンプルなデザインがよく用いられるが，これは「モダニズム」という様式の影響を強く受けている．

3) モダニズムはかわいいが嫌い？

モダニズムは，神仏や特権階級のために金と時間をかけて飾り立てた近代以前の様式建築に対して，近代以降の大衆向けに早く安く大量に製品を供給するのに見合ったデザイン様式であり，装飾を排しシンプルに作る合理性に価値と美を見出す．同時に鉄筋コ

ンクリート・鉄骨・ガラスなどの工業材料の出現が，建築の建て方や表情を大きく変えたことも影響している．「住宅は住むための機械」・「装飾は罪悪」・「Less is More」，これら当時の建築家たちの言説からは，一品生産の建築にもモダニズムの影響が強く現れていることがわかる．以降，資本主義社会において経済合理性の高い選択肢としてモダニズムは認められ，現在でも建築デザインの主流となっている．

さらにモダニズムでは，不要な装飾の排除だけでなく，同じ部材の反復や，継ぎ目などの線を1本でも減らす，太い線は細くするというような抽象的でストイックにシンプルさを追求する表現もでてきた．そうなるともはや機能性や経済性より美意識が優先され，部屋の大きさや扉のデザインなどは機能無関係に標準化され，角の丸みは線をぼかすということで避けられ，痛いくらいのピン角が好まれる．しかしこれらミニマルデザインは，一般の人々には人間味のない退屈な空間と評価されがちでもある．

一方，日本の建築では，戦前に建築家のブルーノ・タウトが桂離宮などの数寄屋建築がモダニズムに通じることを発見し評価した．このことは，日本が早くからモダニズム的な美に到達していたという誇りを生み，日本人建築関係者のモダニズムに対する執着につながっている．そのようなモダニスト達にはかわいいの装飾的な文脈は，そこに感じられる幼児性や商業主義的な俗っぽさから，論評に値しないものとして，意識的に避けられてきた感がある．

4) 建築界に現れてきたかわいい

そのように，かわいいを蔑んできた建築界だが，2000年頃から潮目が変わった（図C7.1）．その変化にいち早く気づき提起した真壁智治氏によると，若者を中心に建築を

図 C7.1　金沢21世紀美術館（2004，妹島和世＋西沢立衛）
かわいいを感じる建築として指摘の多い作品．ミニマルデザインなのに，軽く柔らかでかつ心許なさを感じさせる．

語る時に「かわいい」を使うことが多くなったという．理由として彼は，女子学生の増加をあげている．確かに若い女性は「かわいい」のヘビーユーザーで，その感性が流入したのかもしれない．かわいいは，良い悪い・好き嫌いと同じ最上位の評価概念にもかかわらず，そう評する理由は「だってなんとなく…」ということが多く，それ以上追求できない．かわいいは，理由や思想が曖昧なままで共感する仲間を確認する，曖昧な日本社会の中の特に女性的なグループにはたいへん便利な言葉として機能している．しかし，哲学的・科学的に建築論理をストイックに追求してきた先輩たちにとっては，たいへん困惑したようである．

真壁氏は，従来の理性による合意形成型コミュニケーションに対して，かわいいは感性による感覚共有型だとし，使い手との共感を大事にする新しい建築への認識の仕方だと解釈している．これは，ものづくりの工学で「感性工学」が始まった流れとよく似ている．このように，ストイックなモダニズムが支配していた建築界において，かわいいは一部でアレルギーを示されながらも，無視できない存在になり始めている．ただ，建築のかわいいは，ポップで過剰に盛られたkawaiiではなく，モダニズムとも調和する「控えめな」かわいいである．訳がわからないながらも受け入れようとしている最中といえるが，歴史・意匠分野で思想・理論がしっかり議論されてきたからこその戸惑いも見られる．したがって，かわいいを工学することでそのメカニズムや論理が明らかになれば，建築界にとっても大きく前進できるのではないかと期待している．

b. 私たちなりのかわいい論

筆者らは建築の中でも環境心理学を専門とし，建築学会の委員会活動においてかわいいについて考えてきた（5章のコラム [5章2] 参照）．議論を通して，「かわいい」はモダニズムの次にくるデザインの鍵なのではないか，と考えるに至っている．単なる私見ではあるが，そう思うわけを述べてみたい．

1) かわいいは平和

古代ギリシャの比例や調和の美的感覚，キリスト教などの一神教的思想，封建主義的社会などを背景にした欧米前近代のデザインは，唯一完璧な存在を目指す思想だった．また，近代以降のモダニズムも，同一製品大量生産による生活向上という単一の価値観に基づいていて，建物や都市の巨大化は富と権威と技術を誇示する競争の産物である．

一方，かわいいは，未熟な子供を愛しむ本能にその根元があり，むしろ完璧や一番でないことを評価する．競争の外にあるため，かわいいは平和だ．見方を変えれば，かわいいは唯一完璧な美に対する「崩し」とも意味づけられる．1980年代のポストモダン運動でも端正なモダニズムを崩すことが試みられたが，歴史的デザインの借用は遊んでいると批判され，壊れたような表現は暴力的と拒否され，頓挫した．しかし，かわいいは同じ崩しの技法でありながら，「未熟者のしたことだから仕方ないか」と許される免罪符的な力がある．かわいいのまわりには，争いがなく幸福感が溢れている．もちろん意図的なかわいらしさは小賢しいが，かわいいよりも万人に受け入れられる崩し方はみつけ

られない.

2) かわいいは人にやさしい

前述のように，不完全や未熟を尊ぶのがかわいいのベクトルだが，そこには「完璧な人はいない」，「人は十人十色で，未熟でもその人らしく頑張っていればいい」というメッセージがある．これは，モダニズムまでの合理主義，全体主義とは異なり，個性と多様性を尊重し，障がい者や認知症患者のノーマライゼーション，バリアフリーやユニバーサルデザイン，ダイバーシティなどの社会的な潮流に通じる．そう，かわいいは人にやさしい．今の社会の要請を表現する形態として，かわいいには表層的に終わったポストモダンとは一線を画す説得力がある．

3) かわいいは人を動かす

さらに，かわいいが「かわいがる」という行動を引き起こすこともきわめて興味深い．環境心理学では，かねてからマズローの欲求の5段階説と，WHOの住環境の4理念と，乾正雄らの快適性の段階説の間の類似性を見出していた（図C7.2）が，後者2つは環境からの受動的な視点しかなかった．一方，マズローの5段階も社会性欲求までは受動的でも満たされる可能性があるが，尊厳欲求以上は自らが動かないと絶対に満足されない．これらのことから，快適性の先の満足には，主体の行動の必要性が予見される．これは，経済的成功が得にくい現代の成熟社会において，「新しい公共」の概念とともに，ボランティアや社会貢献に価値を見い出す流れにも呼応する．その視点でかわいいを見ると，誰かからかわいがられれば愛情や承認などの社会性欲求が満たされるが，自分が誰かをかわいがれば，社会の役に立ち，仲間の尊敬を受け尊厳欲求が充足される．かわいいは

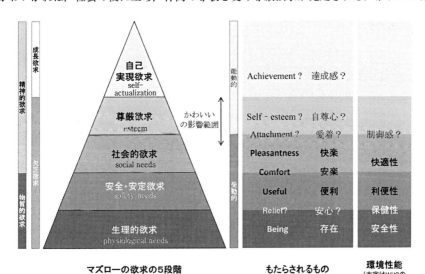

図C7.2 マズローの欲求の5段階説などの類似性（？と明朝体は筆者の私見で補完した部分）

人を動かす．それは，社会をよくし，より上位の欲求の充足に導く可能性を秘めている．

4) かわいいが日本発なわけ

このように，平和・多様性・社会的行動をもたらすかわいいには，現代の諸問題を解決する力を感じる．では，なぜ日本人は，かわいいに敏感で，使いこなしてきたのだろうか？ それは，曖昧が許されてきた環境のせいだと筆者は考える．自然が厳しすぎず多様な暮らし方が可能なこと，島国で外敵の攻勢を受けにくいことが，曖昧を許容する文化に繋がったのかもしれない．そして，曖昧にしていれば，勝負に白黒をつけないので争いは酷くなりにくく，個々の違いを明確にせずに多様性が保持される．

さらに，多様で優勢なもの以外にも立つ瀬がある状況で，あえてその姿勢を利用する志向が現れたのではないかと思う．敬語の謙譲表現・真行草・本歌取りなど，崩したり控えたりすることで敬意や序列を示す態度がそのよい例である．さまざまな控え方・崩し方の試行錯誤の中で，最も効果的な方法が「かわいい」であることに，日本人はたどり着いていたのではないだろうか．

5) かわいいの示す兆し

じつは，ブルーノ・タウトにモダニズムを感じさせた数寄屋建築は，小さい・軽い・か細い・丸い・いびつ，とかわいい特徴もたくさん備え，書院建築を崩した様式である．したがって，モダニズム的なのは書院建築で，数寄屋はモダニズム＋かわいいと言える．つまり，モダニズムのアンチテーゼとしてのかわいいという二項対立ではなく，モダニズムとかわいいは同時に成立可能なのである．一方，装飾著しい日光東照宮でも，二猿の彫刻はユーモラスでかわいく，これも並立可能である．つまり，かわいいは形態では

図C7.3 みんなの森ぎふメディアコスモス（2015，伊東豊雄）
図書館の内部空間もかわいいが，ワークショップを通じて市民との関係づくりを図っている．

なく，込められた意味と関係すると考えられる．

　さらに，かわいいは対象を形容する語ではなく，受け手の感情を表す語である．ならば，受け手の感じ方も同様に大事になる．人は好みの形でなくても自分のために込めた思いを知れば喜び，かわいいと感じ，愛着を持つ．関係性が深い方が強い愛着が湧き，分身と言えるものはわが子同然にかわいがるはずである．

　そう考えると，物と人との関係性・親和性を作るプロセスが重要で，形は込めた心が表出した結果にすぎないといえる．フォルムデザインからプロセスデザインへの転換である．日本人は，すべてに魂が宿るという信条を通じて，この事物に心を込める行為と，その心を読み取る力に非常に長けている．古谷誠章・新居千秋そして伊東豊雄（図C7.3）まで，作家性の高い建築家たちが，最近ワークショップなどを行って施設と使い手の関係を作り，意見を形に取り入れたかわいい建築を作り始めているのも，その流れを敏感に感じているからに違いない．

あとがき

　私は，工学部を卒業し，工学修士，さらに工学で博士号を取得し，現在は芝浦工業大学工学部で教授をしている，工学分野の研究者です．工学分野の研究対象は人工物で，第1章でも述べたように，人工物のインタフェースの研究者として，人工物の見やすさや操作性や安心・快適・わくわく感の研究を行ってきました．私自身は，物心ついたときからかわいい物が大好きでしたが，それを研究テーマにしようとは考えていませんでした．ところが，朝寝坊の長男のために買った大音量目覚まし時計が，「かわいくない」という理由で使用を拒否された時に，「機能よりかわいいの方が重要」という価値のパラダイムシフトに目が覚めました．まさに，目覚まし時計が私の「かわいい工学」研究を目覚めさせてくれたわけです．

　私の博士課程の指導教官は，バーチャルリアリティ（以下，VR）研究の第一人者の舘暲先生で，博士論文の題目は「人間の聴覚的空間知覚特性の研究」（1995年）ですが，この研究ではVRを人間の知覚特性の解明ツールとして活用していました．以来，私はVRを人間の知覚特性や感性を解明するためのツールとして活用し続けてきました．この本で紹介した「かわいい工学」研究の多くも，VRやAR（拡張現実感）を活用しています．またコラム執筆者の1人である三武先生をはじめとして，日本バーチャルリアリティ学会で活躍している若手男性研究者の研究成果であるインタラクティブ作品は，ともかくかわいいものが多いです．彼らは「かわいい」を研究対象としているわけではありませんが，自分たちの研究成果を形にする段階で「かわいくしよう」と意図し，さらにそれが国際会議や展示会で海外の研究者からも好評を博しているという事実が，「かわいい」という感性価値の普遍性を示しているとも考えられます．また，世界的に著名な認知科学者であり人間中心設計の提唱者でもあるドナルド（ダン）・ノーマン（参考文献[17]の著者でもある）は，デザイン系の国際会議IASDR2013で筆者が企画したかわいいパネルセッションを聴講し，「自分は"かわいい"という言葉は今まで知

らなかったが，たいへん重要な価値であると思った.」とコメントしてくれました．

　2016 年は VR 元年と言われており，また日本バーチャルリアリティ学会の創立 20 周年の年でもありますが，たまたまその年に本書を執筆したことは，筆者の「かわいい工学」研究と VR との深い関わりを改めて示唆しているのかもしれません．

参 考 文 献

[1] 大倉典子:人と機械のインタラクションのためのインタフェース.学術の動向,10(8):52-55,2005.
[2] 経済産業省:「感性価値創造イニシアティブ」について(平成19年5月22日報道発表).
http://www.meti.go.jp/press/20070522001/20070522001.html
[3] 荒木潤一郎:感性価値創造イニシアティブ—第4の価値軸の提案.感性工学,7(3):417-419,2007.
[4] 大倉典子他:傾斜型投影ディスプレイシステムにおける空間の印象の比較—実環境とバーチャル環境との実験結果の差異.感性工学研究論文集,6(2):45-52,2006.
[5] 大倉典子他:バーチャルリアリティを利用した,女性に優しい安心社会を実現するための基盤研究(第2報)〜生活空間安心度評価の手法の検討.日本バーチャルリアリティ学会第11回大会論文集,2B1-2, 247-248, 2006.
[6] 青木勇祐他:没入型空間シミュレータを利用した生活空間安心度評価(第5報)—女性を対象とした実験.電子情報通信学会2007総合大会講演論文集,A-15-9, 296, 2007.
[7] 大倉典子,大石 幹:脳波を利用したペットロボットの動作制御システム.ヒューマンインタフェース学会論文集,7(4):151-154, 2005.
[8] M. Ohkura, M. Oishi:An Alpha-Wave-based Motion Control System for a Mechanical Pet. *Kansei Engineering International*, 6(2):29-34, 2006.
[9] M. Ohkura, W. Takano:An Alpha-Wave-Based Motion Control System of a Mechanical Pet for Mental Commitment, 2007 IEEE/ICME International Conference on Complex Medical Engineering-CME2007, CD-ROM, Beijing, 2007.
[10] 総務省郵政事業庁電気通信審議会:21世紀における高度情報通信社会の在り方と行政が果たすべき役割(平成11年5月31日中間答申).
[11] 電子情報技術産業協会:ソフトウェア輸出入統計調査2000年実績.
http://it.jeita.or.jp/statistics/software/2000/index.html(2002年7月31日)
[12] 情報サービス産業協会:2005年コンピュータソフト分野における海外取引および外国人就労等に関する実態調査.
http://www.jisa.or.jp/pressrelease/2005-1019.html(2005年10月19日)
[13] 経済産業省商務情報政策局監修,財団法人デジタルコンテンツ協会編:デジタルコンテンツ白書2005—知的財産立国の実現,アイデンティティーの刷新をめざして,デジタルコンテンツ協会,2005.
[14] 朝日新聞:「かわいい」,2006年1月1日朝刊.
[15] 富士フイルム FinePix Z3.
http://fujifilm.jp/personal/digitalcamera/finepixz3/design002.html
[16] エプソン Calorio me
http://www.epson.jp/osirase/2004/040316_1.htm
[17] D. A. Norman:Emotional Design:Why We Love (or Hate) Everyday Things, Basic Books, 2004. ドナルド・A・ノーマン:エモーショナルデザイン—微笑を誘うモノたちのために,新曜社,2004.
[18] 坂井直樹他:エモーショナル・プログラムバイブル/市場分析,ブランド開発のためのマーケティング・メソッド,英治出版,2002.

参 考 文 献

[19] 計測自動制御学会 SI 部門モーションメディア調査研究会第 2 回コンテスト応募作品「わがままクマさんの旗上げゲーム」．
http://www.star.t.u-tokyo.ac.jp/~dairoku/mm/index.php?Contest%2F1st%2Fentry09
[20] 島村麻里：ファンシーの研究―「かわいい」がヒト，モノ，カネを支配する，ネスコ，1991．
[21] S. Kinsella：Cuties in Japan, Women, Media and Consumption in Japan (L. Skov, B. Moeran ed.), University of Hawaii Press, 1995.
http://basic1.easily.co.uk/04F022/036051/Cuties.html
[22] K. Belson, B. Bremner：Hello Kitty：The Remarkable Story of Sanrio and the Billion Dollar Feline Phenomenon, John Wiley & Sons, 2004. ケン・ベルソン，ブライアン・ブレムナー：巨額を稼ぎ出すハローキティの生態，東洋経済新報社，2004．
[23] 四方田犬彦：「かわいい」論，ちくま書房，2006．
[24] 清少納言：枕草子，岩波書店，1962．
[25] ニッポンの「かわいい」．芸術新潮 2011 年 9 月号，新潮社，2011．
[26] 府中市美術館編：かわいい江戸絵画，求龍堂，2013．
[27] 古賀令子：「かわいい」の帝国，青土社，2009．
[28] 真壁智治・チームカワイイ：カワイイパラダイムデザイン研究，平凡社，2009．
[29] 櫻井孝昌：世界カワイイ革命，PHP 研究所，2009．
[30] 日本の「かわいい」図鑑―ファンシーグッズの 100 年，河出書房新社，2012．
[31] 真壁智治：ザ・カワイイビジョン a 感覚の発想，VNC，2014．
[32] 真壁智治：ザ・カワイイビジョン b 感覚の技法，VNC，2014．
[33] 「カワイイ」JAPAN，Pen2014 年 10/1 号，2014．
[34] 阿部公彦：幼さという戦略「かわいい」と成熟の物語作法，朝日新聞出版，2015．
[35] 横幹（知の統合）シリーズ編集委員会：カワイイ文化とテクノロジーの隠れた関係，東京電機大学出版局，2016．
[36] 大倉典子，青砥哲朗：かわいい人工物の系統的研究．第 9 回日本感性工学会大会講演論文集，H26，2007．
[37] M. Ohkura, T. Aoto：Systematic Study for "Kawaii" Products, Proc. KEER2007, Sapporo, 2007.
[38] 大倉典子，小沼朱莉，青砥哲朗：かわいい人工物の系統的研究（第 2 報）―かわいい感の年齢・性別による比較．電子情報通信学会 2008 総合大会講演論文集，255，2008．
[39] M. Ohkura et al.：Systematic Study for "Kawaii" Products (The Second Report) ― Comparison of "Kawaii" Colors and Shapes, Proc. SICE2008, Chofu, 2008.
[40] 村井秀聡他：かわいい人工物の系統的研究（第 3 報）―かわいい感の 3 次元と 2 次元での比較，日本バーチャルリアリティ学会第 13 回大会論文集，2B5-6，2008．
[41] 大倉典子，後藤さやか，青砥哲朗：バーチャルオブジェクトを利用した「かわいい」色の検討．日本感性工学会論文集，8(3)：535-542，2009．
[42] 小松 剛，大倉典子：かわいい人工物の系統的研究（第 9 報）― visual analog scale を用いた「かわいい」色の評価．2010 年度日本人間工学会関東支部第 40 回大会講演集，± A5-4, 46-47, 2010.
[43] 江森康文，深尾謹之介，大山正編：色 その科学と文化，朝倉書店，1979．
[44] 高橋晋也，羽成隆司：色嗜好表出における認知要因．日本色彩学会誌，29(1)：14-23，2005．
[45] 大倉典子，肥後亜沙美，泉谷聡：かわいい人工物の系統的研究（第 8 報）―かわいい質感に関する実験．ヒューマンインタフェース学会研究報告集，12(5)：29-32，2010．
[46] 大倉典子，新井裕貴，高野 航：AIBO の新規作成動作の感性評価．日本感性工学会論文集，7(4)：717-720，2008．
[47] S. Sugano, H. Morita, K. Tomiyama：Study on Kawaii in motion ― Classifying Kawaii motion using Roomba, Advanced in Afective and Pleasureable Design, pp.101-116, CRC, 2012.
[48] 菅野翔平，宮地裕，富山健：動きにおける「かわいさ」の研究．日本感性工学会論文誌，14(2)：

315-323, 2015.
- [49] 古岡ひふみ：フォトショップ養成ギプス．http://www.furuoka.com/photoshop/
- [50] 大倉典子他：かわいい人工物の系統的研究（第14報）―触素材を用いた「かわいい質感」に関する基礎的検討．HCGシンポジウム2012講演集，CD-ROM，2012.
- [51] 大倉典子：感性価値としての「かわいい」．1F-2-2，第5回横幹連合コンファレンス講演論文集，2013.
- [52] 坂本真樹，清水祐一郎，渡邊淳司，松井 茂，岡本正吾：オノマトペで集めた網羅性のある素材による実験結果―質感認知に重要な因子．第4回質感脳情報学領域班会議プログラム・抄録集，27，2012.
- [53] 渡邊淳司，加納有梨紗，清水祐一郎，坂本真樹：触認覚の快・不快とその手触りを表象するオノマトペの音韻の関係性．日本バーチャルリアリティ学会論文誌，$16(3)$：367-370，2011.
- [54] 今井むつみ：ことばと思考，岩波書店，2010.
- [55] 大倉典子，井上和音，堀江亮太，高橋雅人，桜井宏子，小島 隆，鑓水清隆，中原 昭：ビーズを塗布した樹脂表面の質感の感性評価．電子情報通信学会技術研究報告，$113(501)$，HIP2013-83：23-27，2014.
- [56] 大倉典子，井上和音，堀江亮太，高橋雅人，桜井宏子，小島 隆，鑓水清隆，中原 昭：ビーズを塗布した樹脂表面の質感の感性評価―40・50代による評価．第16回日本感性工学会大会講演集，E24，2014.
- [57] 鈴木陽一他：音響学入門，コロナ社，2011.
- [58] 大倉典子，菅野 涼：かわいい人工物の系統的研究（第17報）―「かわいい音」に対する基礎的検討．電子情報通信学会技術研究報告，$114(52)$，SP2014：389-392，2014.
- [59] A. D. Cheok, O. N. N. Fernando：Kawaii/Cute interactive media, *Universal Access in the Information Society*, **11**：295-309, 2012.
- [60] A. D. Cheok, M. Ohkura, O. N. N. Fernando, T. Merritt：Designing cute interactive media. *Innovation*, $8(3)$：8-9, 2008.
- [61] 青砥哲朗，大倉典子：システムの感性評価を目的とした生体信号の利用方法の検討．第9回日本感性工学会大会講演論文集，H27，2007.
- [62] M. Ohkura, Y. Aoki, T. Aoto：Evaluation of Comfortable Spaces for Women using Virtual Environment — Objective Evaluation by Biological Signals, Proceedings of the 2nd International Conference of Applied Human Factors and Ergonomics 2008, Las Vegas, July. 17, 2008.
- [63] 大倉典子：わくわく感の計測．感性工学，$11(1)$：5-9，2012.
- [64] M. Ohkura, M. Hamano, H. Watanabe, T. Aoto：Chap. 18 Measurement of Wakuwaku Feeling of Interactive Systems. Emotional Engineering — Service Development (S. Fukuda ed.), pp.327-343, Springer, 2010.
- [65] 産業技術総合研究所人間福祉医工学研究部門編：人間計測ハンドブック，朝倉書店，2003.
- [66] 大須賀美恵子：インタフェースと生理計測 心的状態の指標としての心拍・心拍変動．ヒューマンインタフェース学会誌，$6(1)$：9-14，2004.
- [67] J. F. Thayer, F. Ahs, M. Fredrikson, J. J. Sollers, T. D. Wager：A meta-analysis of heart rate variability and Neuroimaging studies：implications for heart rate variability as a marker of stress and health. *Neuroscience & Biobehavioral Reviews*, $36(2)$：747-756, 2012.
- [68] Hui-Min Wang, Sheng-Chieh Huang：SDNN/RMSSD as a surrogate for LF/HF：A revised investigation. *Modelling and Simulation in Engineering*, 2012：ID 931943, 2012.
- [69] 吉原利忠他：心拍の動揺から見た精神的作業負荷の様相．疲労と休養の科学，$16(1)$：27-38，2001.
- [70] 原田圭祐他：車載機器の感性評価の研究（第9報），2015年度自動車技術会関東支部学術研究会講演会，2016.

[71] 大須賀美恵子：生理実験入門（全4回）第4回自律神経系指標の計測．ヒューマンインタフェース学会誌，**7**(4)：285-290，2005．
[72] 落合大実，本橋洋介：心電データ分析によるつながり感通信の客観的評価．ヒューマンインタフェースシンポジウム 2005 論文集，No.3332，pp.875-878，2005．
[73] 萩原 啓：生理実験入門（全4回）第3回脳機能生理指標の計測．ヒューマンインタフェース学会誌，**7**(3)：45-50，2005．
[74] 下野太海，大須賀美恵子，寺下裕美：心拍・呼吸・血圧を用いた緊張・単調作業ストレスの評価手法の検討．人間工学，**34**(3)：107-115，1998．
[75] 平野百三，川島聡史，穴田 一，石島正之，京相雅樹：覚醒的音楽によるストレスの動的発散．電気学会医用・生体工学研究会資料，Vol.MBE-07，No.23-34，pp.1-5，2007．
[76] 加藤雪枝，橋本令子，雨宮 勇：室内空間に対する心理的及び生理的反応．日本色彩学会誌，**28**(1)：16-25，2014．
[77] 武者利光：脳波からの心の状態を推定する「感性スペクトル解析法」．光技術コンタクト，**37**(4)：268-272，1999．
[78] 青砥哲朗，濱野匡秀，渡邊浩之，大倉典子：システムの感性評価を目的とした生体信号の利用方法の検討（第6報）—わくわくするシステムの開発と評価．日本感性工学会春季予稿集，14E-06，2009．
[79] 青砥哲朗，濱野匡秀，渡邊浩之，大倉典子：システムの感性評価を目的とした生体信号の利用方法の検討（第5報）—わくわくモデルの提案．日本人間工学会関東支部第38回大会，pp.85-86，B-19，2008．
[80] 大倉典子，後藤さやか，肥後亜沙美，青砥哲朗：かわいい人工物の系統的研究（第6報）—かわいい感の生体信号による検出．第52回自動制御連合講演会講演論文集，J2-6，2009．
[81] M. Ohkura, S. Goto, A. Higo, T. Aoto：Relation between Kawaii Feeling and Biological Signals. 日本感性工学会論文誌，**10**(2)：109-114，2011．
[82] 色見本の館．http://www.color-guide.com/
[83] 志賀一雅，松岡洋一，佐々木雄二：前頭葉α波のフィードバック増強．バイオフィードバック研究，**9**：1-9，1982．
[84] 山崎陽介，大倉典子：ARを用いた「かわいい」大きさの評価．電子情報通信学会技術研究報告，**113**(109)：19-22，2013．
[85] 山崎陽介，大倉典子：ARを用いた「かわいい」大きさの評価（第2報）—詳細な解析．第15回日本感性工学会講演集，B11，2013．
[86] 山崎陽介，大倉典子：ARを用いた「かわいい」大きさの評価（第3報）—最もかわいいと評価される大きさ．日本バーチャルリアリティ学会第18回大会論文集，13A-4，2013．
[87] M. Ohkura, Y. Yamasaki：Evaluation of kawaii size by measuring ECG, Proc. AHFE2014, 832-838, 2014.
[88] M. Ohkura, Y. Yamasaki, R. Horie：Evaluation of kawaii objects in augmented reality by ECG, Proc. the 36th Annual International Conference of the IEEE Engineering in Medicine and Biology Society（EMBC'14），2014.
[89] J. Russell：A circumplex model of affect. *Journal of Personality and Social Psychology*, **39**：1161-1178, 1980.
[90] C. A. Torres-Valencia, M. A. Alvarez, A. A. Oronzco-Gutierrez：Multiple-output support vector machine regression with feature selection for arousal/valence space emotion assessment, Proc. The 36th Annual International Conference of the IEEE Engineering in Medicine and Biology Society（EMBC'14），2014.
[91] 柳美由貴，山陸芳之，高階知巳，平山義一，堀江亮太，大倉典子：かわいい画像と心拍の関係（第二報）—かわいい画像の種類による心拍数の変化．第16回日本感性工学会講演集，B11，2014．

[92] M. Yanagi, Y. Yamariku, T. Takashina, Y. Hirayama, R. Horie, M. Ohkura : Differences in Heartbeat Modulation between Excited and Relaxed Kawaii Feeling during Photograph Observation. *International Journal of Affective Engineering*, 15(2) : 189-193, 2016.

[93] 大倉典子, ソムチャノク・ティワタンサクン, 秋元幸平 : かわいいスプーンと高齢者の心拍数. 電子情報通信学会論文誌, J97-D-1, 177-180, 2014.

[94] C. A. Frantzidis, C. Bratsas, C. L. Papadelis, E. Konstantinidis, C. Pappas, P. D. Bamidis : Toward emotion aware computing : An integrated approach using multichannel neurophysiological recordings and affective visual stimuli. *Trans. Info. Tech. Biomed.*, 14(3) : 589-597, 2010.

[95] M. Mikhail, K. El-Ayat, R. El Kaliouby, J. Coan, J. J. B. Allen : Emotion detection using noisy EEG data. Proceedings of the 1st Augmented Human International Conference, AH'10, ACM, 7 : 1-7 : 7, 2010.

[96] Y. Negishi, Z. Dou, Y. Mitsukura : EEG feature extraction for quantification of human-interest. Proc. of 2012 RISP International Workshop on Nonlinear Circuits, Communications and Signal Processing (NCSP'12), 2012.

[97] M. Ohkura, S. Goto, T. Aoto : Systematic study for kawaii products (fifth report) : Relation between kawaii feelings and biological signals. Proceedings on ICROS-SICE International Joint Conference 2009, pp.4343-4346, 2009.

[98] T. Takashina, M. Yanagi, Y. Yamariku, Y. Hirayma, R. Horie, M. Ohkura, : Toward practical implementation of emotion driven digital camera using EEG, Proc. Augmented Human'14, 2014.

[99] 高階知巳, 柳美由貴, 山陸芳之, 平山義一, 堀江亮太, 大倉典子 :「かわいい！」で駆動するデジタルカメラの現実的な実装に向けて. 日本感性工学会かわいい人工物研究部会第4回シンポジウム資料集, pp.25-26, 2014.

[100] M. Yanagi, Y. Yamariku, T. Takashina, Y. Hirayma, R. Horie, M. Ohkura : Physiological responses caused by kawaii feeling in watching photos. Proceedings of the 5th International Conference on Applied Human Factors and Ergonomics, 2014.

[101] Neurocam. http://neurowear.com/projects_detail/neurocam.html

[102] 清澤雄 : かわいい色の調査結果に基づく評価者のクラスター分類とその嗜好特性, 日本感性工学会論文誌, 13(1) : 107-116, 2014.

[103] 日本感性工学会「かわいい人工物」研究部会.
http://sigkawaii.jin.ise.shibaura-it.ac.jp/

[104] 日本カワイイ博 in 新潟.
http://kawahaku.jp/

[105] 日本感性工学会かわいい感性デザイン賞.
http://kawaii-award.org/

[106] 福岡市カワイイ区.
https://ja.wikipedia.org/wiki/

[107] 大倉典子 : かわいい感性デザイン賞. 感性工学, 12(3) : 389-411, 2014.

[108] 石田製作所 CANGAL. http://ishidafactory.com/cangal/

[109] Type G : カメラマンに反応するロボット : 筑波大学.
https://www.youtube.com/watch?v=mphjtdWNmjE

[110] 府中市美術館企画展「かわいい江戸絵画」.
https://www.city.fuchu.tokyo.jp/art/kikakuten/kikakuitiran/kawaiiedo.html

[111] 金子信久 : かわいい 2. かわいい江戸時代絵画の背景. 情報処理, 57(2) : 122-123, 2016.

[112] 府中市美術館編 : かわいい江戸絵画, 求龍堂, 2013.

[113] AUROLITE® http://www.ykkfastening.com/products/zipper/coil_zipper/aurolite.html

[114] おひさまキッチン http://www.sbfoods.co.jp/ohisama/

［115］建設通信新聞 2014 年 9 月 15 日．
http://kensetsunewspickup.blogspot.jp/2014/09/blog-post_64.html
［116］ミラココア．http://www.daihatsu.co.jp/lineup/mira_cocoa/
［117］清水奈穂子：ミラココア―世界一かわいい車をめざして．感性工学, **13**(4)：221-223, 2015.
［118］第 1 回カワイイ リノベーションカー・コンテスト．http://www.com-contest.jp/autopark/
［119］rimOnO　http://www.rimono.jp/
［120］読売新聞 2016 年 12 月 21 日．
https://yomidr.yomiuri.co.jp/article/20161226-OYTET50028/
［121］センターイン．http://www.unicharm.co.jp/centerin/index.html
［122］愛媛新聞 2016 年 9 月 13 日．
http://www.ehime-np.co.jp/news/local/20160913/news20160913492.html
［123］Kiki parfait．http://www.kikiparfait.jp/
［124］ほほほ ほ乳びん．http://baba-lab.shop-pro.jp/
［125］iBones．https://www.youtube.com/watch
［126］Kawaii 理科プロジェクト．https://www.facebook.com/kawarika.nagaokaut.ac.jp/
［127］Axes femme kawaii．http://shop.axesfemme.com/kawaii/brandtop/kawaii

索　引

欧　文

2次元オブジェクト　22
3次元オブジェクト　21
3次元提示　18
3次元ディスプレイ　24
5段階評価　48, 72
7段階評価　37, 72, 75, 78, 79, 86
$α/β$　68
$α$波　68
$β$波　68
$δ$波　68
$θ$波　68
AR　83
AR提示　88, 90, 94
ARメガネ　81
arousal　90, 91
BCI　105
Bonferroniの補正による多重比較　93
cute　10
ERP　105
fast a波　76
Fisherの最小有意差法　28
GSR平均値　74
HF　67
kawaii理科プロジェクト　145
Keepon　62
Kobito　60
LF　68
LF/HF　68
mid a波　76, 78
neurocam　108
Pinoky　63
RGB　31
RobotPhone　62
RRI　67, 74
RRV　68
R波　67
S&Bおひさまキッチンブランド　134
SDNN　68
slow a波　76
Type G　124
valence　90, 91
VAS法　32, 54, 58
VR　81, 83
zecOO　148

あ　行

愛くるしい　6
愛らしい　6
アンケート　14, 34, 58, 66, 76, 83, 86, 94
安心感　2
安静状態　73, 76, 83, 85, 88, 89, 92
安全　144
暗騒音　56

一眼レフカメラ　107
一対比較　58, 103
衣服　141
イメージスケール　109
癒される　92
癒し系かわいい　90, 94
イルミネーション　132
色　16, 58, 75
色と形の組み合せ　16
インタラクションロボット　125
インタラクティブシステム　60
インテリアステッカー　129

ウェアラブルデバイス　141
ウォームカラー　110
動き　36

うつくしい　10
映像酔い　69
笑顔　97
エクマンによる感情の分類　117
江戸絵画　125
江戸時代　6, 125
愛媛新聞　144
円　22
円環体　22, 26, 32
園芸　138
円柱　37
円偏光メガネ　37, 81

欧米文化　11
大きさ　34, 58, 78, 83
音　53
　　——の3要素　53
　　——の大きさ　53, 55, 56, 57
　　——の高さ　53, 55, 56, 58
オノマトペ　40, 42, 44, 58, 91, 120
おひさまキッチン　134
お姫様　145
重さ　46
おもてなし精神　135
オルゴール　54, 55, 57, 58

か　行

快　40, 42, 44
海外　7
蚕　140
快適　69
快適感　2
快適性　68
開発コンセプト　143
カウンターバランス　21, 47, 49, 101

索引

科学リテラシー　145
拡張現実感　81
画像テクスチャ　37
硬さ　46, 49, 50
形　16, 58
ガーデニング　138
哀しみ　11
株式会社 rimOnO　148
壁掛け時計　130
カラーイメージスケール　109
かわいい感性デザイン賞　122, 147
かわいい人工物研究部会　122
"カワイイ"に賭ける男たち　129
眼球運動　68
感情駆動デジタルカメラ　104
感情労働　120
寒色系　16, 18, 23
感性価値　122, 146
感性価値イニシアティブ　1
感性スペクトル解析システム　69
感性のモデル　90

基準化　33, 80
着せ替え　151
基線　58
キッズデザイン賞　145
キモかわいい　96
客観的　66
キャラクタ　3, 5
球　22
球体　81, 88, 90
共感　110, 128, 146
共同注意　61
曲線系　16, 18, 23
緊張　67

クイックソート　40
クラシック　110
クラスター分析　109
クラスター分類　109
クラスタリング　109
クール　12
クロス集計　109

グローバル PBL　112

形態素解析　39
形容詞　48, 49
形容詞対　48, 49
景色　92
ゲーム　69
建設通信新聞　136
建築　7

交感神経　67
工具箱　131
交互作用　76
交通弱者　142
肯定的な感性　69
硬度　58
口頭　66
行動観察　119
高齢者　99
呼吸　68, 76
　──の大きさ　68
　──の速さ　68
呼吸パターン　68
国営越後丘陵公園　132
ココかわプロジェクト　139
個人差　31, 73
子供のしぐさ　3
コーラル　109
コンテスト　140
コンラート・ローレンツ　96

さ　行

彩度　24, 28, 29, 30, 31, 33, 110
雑談　101, 103
差の検定　33, 73, 78, 84, 93
産学連携　112

子音　43
視覚提示　47, 49
色相　24, 28, 29, 30, 31, 33, 110
しぐさ　6, 36
しけ絹　140
事象関連電位　105
市場マップ　113
視触覚　49
視線計測　68

質感　36, 37
しっぽ　63
質問紙　66
自動シャッターカメラ　104
シニア　144
社会実験　118
社会的意義　146
視野角　83, 86
しゃぼん玉　133
重回帰式　50
自由記述　72
主観的評価　66
手芸　144
主効果　33, 76, 83, 93
樹脂　46, 48, 50, 58
主成分負荷量　29
主成分分析　29, 31
順序効果　83
瞬目率　69
書院建築　158
触素材　40, 41, 42, 43, 44, 45, 58
食欲　99
触覚　140
触覚提示　47, 49
触感　39, 40, 44, 45, 91, 140
自律移動ロボット　136
自律神経　67
心電図　67
心拍　67, 76, 79, 83, 85, 88, 92, 94, 99
心拍数　67, 73, 74, 76, 78, 80, 81, 85, 88, 89, 90, 92
シンフリン　64
親和性　159

スイーツ　136
数量化Ⅲ類　109
巣鴨信用金庫　135
数寄屋建築　155
スプーン　99

静止画　92
成熟　6
清少納言　6
精神的な負荷　69
精神的な豊かさ　1

索 引

生体信号 66, 73, 94, 99
静的な感性 69
性別 28, 30, 33, 50, 56, 83
生理指標 66, 73, 94
生理用ナプキン 143
接近動機づけ 97
選択的注意 61

相関 45, 53, 84
相関係数 53
装身具 130

た 行

対応のある2群の差の検定 73
対応のある差の検定 84
対応のない2群の差の検定 80
対応のない差の検定 76, 78, 85
ダイバーシティ 157
多重比較 28, 54, 56
タスク 92
タッチスイッチ 141
楽しい 69
ダミー変数 50
多様性 146
暖色系 16, 18, 23, 31
男女差 31

ちぎり和紙 127
チークカラー 127
中古車 140
注視点 68
聴覚 53
超高齢社会 142
超小型電気自動車 142
超小型電気自動車 rimOnO 147
調整法 86
直線系 16, 18

使い勝手 145

提案デザイン 114
ティッシュ 145
停留時間 69
テクスチャ 34, 38, 45, 58, 91
デザインワークショップ 112
デジタルカメラ 126

東京都府中市美術館 125
瞳孔径 69
動的な感性 69
動物 92
動物のしぐさ 3
どきどき 69, 70
ドキドキする 92
ドーナツ形 22
トリックスター 118
トーン 110

な 行

日常的に使うもの 88
日用品 92
ニッパー型爪切り 131
日本カワイイ博 129
日本カワイイ博実行委員会 129, 132
日本感性工学会 122
日本美術 137
日本文化 11

ぬいぐるみ 62
布スイッチ 141
布製 142
布のクルマ 148

ネイルニッパー 130
音色 53, 54, 55, 57
猫耳 63
ネックレス 130
眠気 67

脳活動 68
農業用品 138
農作業着 137
脳波 68, 76, 79, 94, 99, 105
ノーマライゼーション 157

は 行

ハイヒール 124
倍率 86
外れ値 86
バーチャルオブジェクト 18, 24
バーチャル環境 30

バーチャル空間提示システム 18, 19
ハプティクス 140
ハムスター 140
バリアフリー 157
ハローキティ 5, 7
ハンドメイド 144

美顔器 131
ピンクッション 127
被写体 107
ビーズ 46, 48, 49, 50, 58
ヒストグラム 35
ビタミンカラー 110
否定的な感性 69
皮膚電気活動 66, 76
ビブラフォン 55, 57, 58
評価指標 66
表情 6
評定法 58
ピンク 109

ファスナー 133
ファッション 5, 7, 129
不安 67
ファンシー 5, 7
フィールド調査 113
フォルムデザイン 159
不快 40, 42, 44
福岡市カワイイ区 128
福祉施設 99
フサフサ 91
ブックカバー 129
物理シミュレーション 61
物理属性 16
物理的特徴 45
物理量 66
プリティ 110
プリント生地 144
プリントファブリック 144
プルタブオープナー 124
プロセスデザイン 159
ふわふわする 39, 91
分散分析 28, 33, 50, 54, 56, 72, 76, 80, 83, 93
文房具 128

平均順位　42
平均心拍数　102, 103
ベビースキーマ　96
ベビーピンク　109
偏光メガネ　78

母音　43
包摂　11
ポストモダン　156
ポップ　110
ほ乳びん　144
ボワルのほほえみ　132

ま　行

マグネット　13, 14, 15
枕草子　6
孫育て　144
真正面　146
マズローの欲求の5段階説　157
まばたき　69
マペット　63
マレーの社会的動機リスト　117
マンセル表色系　16, 25, 31, 75, 78

未完の美　10
未成熟　6
見た目の質感　34
ミニマルデザイン　155
ミラココア　139

明度　24, 28, 29, 30, 31, 33
モコモコ　91
モダニズム　154
モニタリング　66, 103
文部科学大臣表彰　145

や　行

やわらかい　39, 91

有意差　84
優勢率　68, 78
ユニバーサルデザイン　128, 157

読売新聞　143
弱い思考　12

ら　行

ラダーリング　117
ラッセルの円環モデル　90

ランダム　83, 86

リアルクローズ　129
理系女子　131
リノベーションカー　140
粒子径　46, 49, 50, 58
リラクゼーション　68
リラックス　78
リラックス感　91
琳派　136

類似度　47

レスト　92
レーダーチャート　113, 114
レトロ　110

ロボット　124, 145
ロマンチック　110

わ　行

ワークショップ　159
ワクワク　142
わくわく　69
わくわく感　69, 81, 91, 94
わくわく系かわいい　90, 94

編著者略歴

大倉典子（おおくら・みちこ）

1953 年　大阪府に生まれる
1976 年　東京大学工学部計数工学科数理コース卒業
1978 年　東京大学大学院工学系研究科計数工学専門課程修士課程修了
1979 年　（株）日立製作所中央研究所
1994 年　東京大学大学院工学系研究科先端学際工学専攻博士後期課程修了
現　　在　芝浦工業大学工学部情報工学科教授
　　　　　博士（工学）

「かわいい」工学　　　　　　　　　　　　　　定価はカバーに表示

2017 年 3 月 25 日　初版第 1 刷

　　　　　　　　　　　　　　　編著者　大　倉　典　子
　　　　　　　　　　　　　　　発行者　朝　倉　誠　造
　　　　　　　　　　　　　　　発行所　株式会社　朝　倉　書　店
　　　　　　　　　　　　　　　　　　　東京都新宿区新小川町 6-29
　　　　　　　　　　　　　　　　　　　郵便番号　162-8707
　　　　　　　　　　　　　　　　　　　電　話　03(3260)0141
　　　　　　　　　　　　　　　　　　　FAX　03(3260)0180
〈検印省略〉　　　　　　　　　　　　　　　　http://www.asakura.co.jp

© 2017〈無断複写・転載を禁ず〉　　　　　　　　　新日本印刷・渡辺製本

ISBN 978-4-254-20163-5　C 3050　　　　　Printed in Japan

JCOPY　〈(社)出版者著作権管理機構　委託出版物〉
本書の無断複写は著作権法上での例外を除き禁じられています．複写される場合は，そのつど事前に，(社)出版者著作権管理機構（電話 03-3513-6969，FAX 03-3513-6979，e-mail: info@jcopy.or.jp）の許諾を得てください．

日本デザイン学会環境デザイン部会著

つなぐ 環境デザインがわかる

10255-0 C3040　　　B5変判 164頁 本体2800円

デザインと工学を「つなぐ」新しい教科書〔内容〕人でつなぐデザイン（こころ・感覚・行為）／モノ（要素・様相・価値）／場（風土・景色・内外）／時（継承・季節・時間）／コト（物語・情報・価値）／つなぎ方（取組み方・考え方・行い方）

生理研 小松英彦編

質　感　の　科　学
―知覚・認知メカニズムと分析・表現の技術―

10274-1 C3040　　　A5判 240頁 本体4500円

物の状態を判断する認知機能である質感を科学的に捉える様々な分野の研究を紹介〔内容〕基礎（物の性質、感覚情報、脳の働き、心）／知覚（見る、触る等）／認知のメカニズム（脳の画像処理など）／生成と表現（光、芸術、言語表現、手触り等）

海保博之監修・編　日比野治雄・小山慎一編
朝倉実践心理学講座3

デザインと色彩の心理学

52683-7 C3311　　　A5判 184頁 本体3400円

安全で使いやすく心地よいデザインと色彩を、様々な領域で実現するためのアプローチ。〔内容〕I. 基礎、II. 実践デザインにむけて（色彩・香り・テクスチャ、音、広告、安全安心）、III. 実践事例集（電子ペーパー、医薬品、橋など）

東京成徳大 海保博之監修　金沢工大 神宮英夫編
朝倉実践心理学講座10

感動と商品開発の心理学

52690-5 C3311　　　A5判 208頁 本体3600円

感情や情緒に注目したヒューマン・センタードの商品開発アプローチを紹介。〔内容〕I. 計測（生理機能、脳機能、官能評価）、II. 方法（五感の総合、香り、コンセプト、臨場感、作り手）、III. 事例（食品、化粧、飲料、発想支援）

前工学院大 椎塚久雄編

感性工学ハンドブック
―感性をきわめる七つ道具―

20154-3 C3050　　　A5判 624頁 本体14000円

現在のような成熟した社会では、新しい製品には機能が優れて使いやすいだけでなく、消費者の感性にフィットしたものが求められ、支持を得ていくであろう。しかしこの感性は、捉え所がなく数値化する事が難しい。そこで本書は、感性を「はぐくむ」「ふれる」「たもつ」「つたえる」「はかる」「つくる」「いかす」の7つの視点から捉えて、広く文理融合を目指して感性工学と関連する分野を、製品開発などへの応用も含めて具体的にわかりやすく解説した。

日本経営工学会編
日本技術士会経営工学部会・日本IE協会編集協力

ものづくりに役立つ 経営工学の事典
―180の知識―

27022-8 C3550　　　A5判 408頁 本体8200円

ものづくりの歴史は、職人の技、道具による機械化、情報・知能によるシステム化・ブランド化を経て今日に至る。今後は従来の枠組みに限らない方法・視点でのものづくりが重要な意味をもつ。本書では経営工学の幅広い分野から180の知識を取り上げ、用語の説明、研究の歴史、面白い活用例を見開き2頁で解説。理解から実践まで役立つものづくりのソフト（ヒント）が満載。〔内容〕総論／人／もの／資金／情報／環境／確率・統計／IE・QC・OR／意思決定・評価／情報技術

日本デザイン学会編

デ　ザ　イ　ン　事　典

68012-6 C3570　　　B5判 756頁 本体28000円

20世紀デザインの「名作」は何か？―系譜から説き起こし、生活〜経営の諸側面からデザインの全貌を描く初の書。名作編では厳選325点をカラー解説。［流れ・広がり］歴史／道具・空間・伝達の名作。［生活・社会］衣食住／道／音／エコロジー／ユニバーサル／伝統工芸／地域振興他。［科学・方法］認知／感性／形態／インタラクション／分析／UI他。［法律・制度］意匠法／Gマーク／景観条例／文化財保護他。［経営］コラボレーション／マネジメント／海外事情／教育／人材育成他

上記価格（税別）は 2017年2月現在